听专家田间讲课

优质芋头
高产高效栽培

黄新芳　柯卫东　孙亚林　主编

中国农业出版社

图书在版编目(CIP)数据

优质芋头高产高效栽培/黄新芳,柯卫东,孙亚林主编.—北京:中国农业出版社,2016.7(2024.6重印)
(听专家田间讲课)
ISBN 978-7-109-21703-4

Ⅰ.①优… Ⅱ.①黄…②柯…③孙… Ⅲ.①芋-蔬菜园艺 Ⅳ.①S632.3

中国版本图书馆CIP数据核字(2016)第113761号

中国农业出版社出版
(北京市朝阳区麦子店街18号楼)
(邮政编码 100125)
责任编辑 郭银巧 杨天桥

中农印务有限公司印刷 新华书店北京发行所发行
2016年7月第1版 2024年6月北京第4次印刷

开本:787mm×960mm 1/32 印张:4.875 插页:4
字数:60千字
定价:29.00元
(凡本版图书出现印刷、装订错误,请向出版社发行部调换)

主　编　黄新芳　柯卫东　孙亚林
副主编　刘玉平　李建洪
编　者　(按姓氏笔画排列)

王　芸　王丽利　匡　晶　朱红莲
刘义满　刘玉平　刘正位　关　健
孙亚林　李　峰　李双梅　李明华
李建洪　何建军　周　凯　柯卫东
钟　兰　黄来春　黄新芳　彭　静
董红霞

出版者的话
CHUBANZHEDEHUA

实现粮食安全和农业现代化,最终还是要靠农民掌握科学技术的能力和水平。

为了提高我国农民的科技水平和生产技能,结合我国国情和农民的特点,向农民讲解最基本、最实用、最可操作、最适合农民文化程度、最易于农民掌握的种植业科学知识和技术方法,解决农民在生产中遇到的技术难题,我社编辑出版了这套"听专家田间讲课"系列图书。

把课堂从教室搬到田间,不是我们的创造。我们要做的,只是架起专家与农民之间知识和技术传播的桥梁。也许明天会有越来越多的我们的读者走进教室,聆听教授讲课,接受更系统更专业的农业生产知识，但是"田间课堂"所讲授的内容，可能会给你留下些许有用的启示。因为，她更像是一张张贴在村口和地头的明白纸，让你一看就懂，一学就会。

本套丛书选取粮食作物、经济作物、蔬菜和果树等作物种类，一本书讲解一种作物。作者站在生产者的角度，结合自己教学、培训和技术推广的实践经验，一方面针对农业生产的现实意义介绍高产栽培技术，另一方面考虑到农民种田收入不高的实际困惑，提出提高生产效益的有效方法。同时，为了便于读者阅读和掌握书中讲解的内容，我们采取了两种出版形式，一种是图文对照的彩图版图书，另一种是以文字为主插图为辅的袖珍版口袋书，力求满足从事种植业生产、蔬菜和果树栽培的广大读者多方面的需求。

期待更多的农民朋友走进我们的田间课堂。

2016 年 6 月

目录

出版者的话

第一讲 芋的栽培区域及类型 / 1

一、我国芋的栽培历史 …………………… 2

二、芋的价值及用途 ……………………… 6

（一）芋的营养价值 …………………… 6

（二）芋的工业用途 …………………… 8

（三）芋的药用价值 …………………… 10

三、芋的类型 ……………………………… 11

（一）茎用芋 …………………………… 12

（二）花柄用芋 ………………………… 13

（三）叶柄用芋 ………………………… 13

四、芋的栽培区域 ················· 13
　（一）华南区 ················· 13
　（二）华中华东区 ············· 14
　（三）华北区 ················· 15
　（四）西南区 ················· 15

第二讲 | 芋的形态特征及特性 / 17

一、芋的植物学形态特征 ··········· 17
　（一）根 ····················· 17
　（二）茎 ····················· 19
　（三）叶 ····················· 21
　（四）花 ····················· 21
　（五）果 ····················· 22
二、芋的生物学特性 ··············· 22
　（一）芋对环境条件的要求 ····· 22
　（二）芋各生育期特点 ········· 30

第三讲 | 芋头营养需要及施肥 / 34

一、芋对营养元素的吸收分配规律 ··· 34

二、芋头吸收三要素的数量 …………… 35
三、营养元素的生理功能及缺素诊断 ……… 37

第四讲 芋头良种繁育及优良品种 / 43

一、脱毒芋的良种繁育 …………………… 43
　（一）芋茎尖脱毒快繁方法 …………… 44
　（二）脱毒芋原种的繁育（繁殖用种）…… 50
　（三）脱毒芋原种的繁育（生产用种）…… 53
二、主要栽培品种 ………………………… 56
　（一）多子芋 …………………………… 56
　（二）魁芋 ……………………………… 58
　（三）多头芋 …………………………… 60
　（四）花用芋 …………………………… 61

第五讲 芋头栽培及轮作技术 / 62

一、栽培技术 ……………………………… 62
　（一）多子芋栽培技术 ………………… 62

（二）魁芋栽培技术 …………………… 75

（三）多头芋栽培技术 …………………… 87

（四）花柄用芋栽培技术 ………………… 90

（五）芋芽栽培技术 ……………………… 95

（六）留种与贮藏 ………………………… 98

二、轮作技术 …………………………………… 101

（一）间作套种 …………………………… 101

（二）轮作换茬 …………………………… 112

第六讲 芋头病虫害防治 / 116

一、害虫及防控技术 …………………………… 116

二、主要病害及防治技术 ……………………… 131

第七讲 芋头保鲜技术 / 143

一、芋头贮运保鲜 ……………………………… 143

二、去皮芋头保鲜 ……………………………… 144

第一讲
芋的栽培区域及类型

芋［*Colocasia esculenta*（L.）Schott］，别名芋头、芋艿、毛芋，天南星科最主要的粮食作物和经济作物，具有重要的食用和药用价值。

芋原产中国、印度、马来半岛等热带沼泽地区，世界广为栽培，但以中国、日本及太平洋诸岛栽培最多，是全世界近1%人口的主食，在全世界消费最大的蔬菜中排名第14位；在太平洋地区，芋头和世界其他地区的谷物作物一样重要。

芋在我国南方栽培十分普遍，在海南、福建、广西、云南、四川、江西、江苏等省份都有较大面积的栽培，北方地区过去栽培较少，目前生产面积逐渐扩大，如山东省就有较大面积的栽培。产品除内销外,每年以速冻产品出口日本、韩国及东南亚国家和地区。

一、我国芋的栽培历史

我国关于芋头的记载,最早见于战国时期的《管子·轻重甲篇》:"春日事耕,次日获麦,次日薄芋,次日树麻,次日绝菹……"。《汉书·货殖列传》《汉书·翟方进传》均有记载,称芋头为踆鸱,实为方言之差,异字同音,又称芋魁,见其形大而取名。《晋书》李雄记载:"雄克成都,军饥甚,乃率众就谷于郪,掘野芋而食之"。此条与《史记》所载相同,说明汉、晋时期四川有大量野生芋存在,到处可以掘食,而且野生芋与栽培芋已经同时并存。

芋的种植方法汉代已有详细记述。西汉《氾胜之书》记载:"种芋区方深皆三尺。取豆萁内区中,足践之,厚尺五寸,取区上湿土与粪和之,内区中,其上令厚尺二寸,以水浇之,足践

第一讲　芋的栽培区域及类型

令保泽,取五芋子置四角及中央,足践之,旱数浇之,其烂,芋生子皆长三尺,一区收三石。又种芋法,宜择肥缓土近水处,和柔粪之,二月注雨,可种芋,率二尺下一本。芋生根,欲深劂助其旁,以缓其土,旱则浇水,有草锄之,不压数多,治芋如此,其收常倍"。东汉崔实《四民月令》记载:"正月,可菹芋"。北魏《齐民要术》均予引证。

唐、宋以后,记述渐多。郭橐驼《种树书》对芋的种植曾载:"种芋,根欲深断其叶,以覆其上,旱则浇之,有草锄去之"。又据元代《务本新书》载:"归芋宜沙白地,地宜深耕,二月种为上时,相去六七寸下一芋。比及炎热苗高则旺,频锄其旁,秋生子叶,以土壅其根,霜后收之。又云区长丈余,深阔各一尺,区行相间一步宽,则透风滋子"。另据《物类相感志》载:"种芋之法,十月收芋子,不必芋魁,恐妨鬻食,但择旁生圆全者,每亩约留三千子,掘地尺五寸窖藏之,上覆以土。若不藏,经冻则疏坏无力矣。

至开春,地气通可耕,先锄地摩块,晒得白背,又倒土以晒二三次,去其草,每亩用圊粪二十担匀浇,候粪入土,即再锄转。否则粪见日而力薄。临种下水之后,再下豆饼五斗,清明后下秧。秧田种田,皆宜加以新土和柔之,否则莳插硬砾损子。秧田锄过,晒得白背,车水作平,出所窖芋子,有芽者以芽,其上无芽者以根在下,密布田中,以稻草盖之,日曝其芽萎瘁,日浇水一次,或隔日亦可。待芽间吐发三四叶长二三寸,即可种矣。叶多而太长,则种之必尽落。故叶而重吐发,是为失时。种时相去一尺八寸下一芋子,或一尺六寸。种必在小满前,种后肥土必沫沸,宜去其草。干一二日其根乃行,不干则根腐黄而不生。干至小小,土坼即上水。若大坼,则干坏矣,常常使润泽。种时以阴天乃为佳,至七月乃塘。塘法在芋子四角之中掘其土,遍亩皆然,壅在根上,则土缓而结子圆大。霜后起之。芋魁每千可鬻白金一两,芋好千斤可鬻白金一两五钱。田之有瓦砾者不可种。

第一讲 芋的栽培区域及类型

凡种二岁必再易田,不然则不长旺。所易之田,种禾仍佳"。

关于芋头的种类和分布,古书记述也极详细。《广志》载有君子芋、赤鹤芋、百果芋、青边芋、旁巨芋、长味芋、鸡子芋、九面芋、黄芋、象芋、蔓芋等多种。《齐民要术》有魁芋、大芋等名称。王世懋《瓜蔬疏》载:"芋,古名蹲鸱,吾土最佳,有水、旱,紫、白二种。若种之得法,有十勉者"。王折《三才图会》载:"芋,处处有之,蜀川出者形圆而大,状若蹲鸱,谓之芋魁。江西、闽中出者形长而大叶,皆相类。其细者如卵,生于大魁傍,食之尤美,味辛平,主宽肠胃,充饥腹,滑中,一名土芝"。

从以上可以看出,秦汉以来,历经唐、宋、元、明各代,我国芋的种类资源与分布是极为丰富和普遍的。这些记述虽然种类繁多,但当代吴耕民先生在《中国蔬菜栽培学》中对中国芋头的分类,大体分作三类:一类为多头芋,一类为大魁芋，一类为多子芋，共收录国内品种十五六种，详列品种特征和栽培要点，可谓集古今之大成。因此，我国芋头的栽培历史，从原始野生到人工栽培，由古迄今，可谓世界种类资源最丰富的国家。

在现代社会中，芋作为一种营养保健食品已经进入国际市场，愈来愈受到消费者的青睐。根据联合国粮农组织（FAO）统计资料，2014年全球芋的生产总面积约为2 148万亩*，其中72.2%以上在非洲，22.5%左右分布在亚洲，中国栽培面积144万亩，由此可见芋仍是一些地区的重要农作物。

二、芋的价值及用途

（一）芋的营养价值

芋原产于我国，南北均有栽培，其富含淀粉

---

* 亩为非法定计量单位，15亩＝1公顷。——编者注

第一讲 芋的栽培区域及类型

和多种营养物质。既可作蔬菜食用,亦可作粮食充饥。在历史上的灾荒之年,曾拯救过无数垂危的生命。也正因此,它历来受到人们的称赞,如陆游诗云:"陆生昼卧腹便便,叹息何时食万钱?莫诮蹲鸱少风味,赖渠撑拄过凶年。"

芋头的球茎富含淀粉、蛋白质、黏液汁以及各种维生素和矿物质,其中淀粉平均含量可达19.5%。不同品种芋的球茎、叶、梗和花茎,可加工成多种可消费的食品。例如,在南太平洋,焙烤的芋头球茎是主要的膳食碳水化合物来源;在印度,球茎一般与鱼和蔬菜混合制成咖哩食品;在巴西,煮熟的芋头球茎和玉米粉混合制成面包;在菲律宾,球茎经煮熟、切成薄片再油炸成酥片;在美国夏威夷,芋头被用于制做甜点心;在我国云南,一种独特的菜叫泥鳅芋头汤,是很高级的地方名菜,其味道鲜美,具有温补、防癌等功能。此外,芋叶、花茎与叶梗也可与肉或鱼一起煮或蒸;还可用于腌制、炒或煮食,具有减肥功效。

芋头可加工成10种以上不同类型的食品：

① 芋头糊：是一种具有保健功能的食物，适合于对食物过敏的人食用；

② 芋头粉：用开水冲调成光滑浓稠的糊，可伴菜汤进食；

③ 与谷片混合制成面包或蛋糕：由于芋头含有颗粒非常细小、很容易消化的淀粉，而且营养价值高，所制成的面包或蛋糕可作为婴儿和病人的食品；

④ 煮熟和脱水的芋头可作为速溶饮料的载体；

⑤ 芋头片；

⑥ 芋头油炸酥片；

⑦ 早餐食品；

⑧ 罐装食品；

⑨ 冷冻食品；

⑩ 挤压食品，如芋头饭、面条等。

（二）芋的工业用途

芋富含淀粉，且淀粉粒细小，提取芋头淀粉

第一讲 芋的栽培区域及类型

在工业上具有重要的经济价值。化妆品中的增白剂过去主要用无机物（钛白粉等），由于其对皮肤有一定的损害作用，近几年西方国家已逐步由淀粉代替钛白粉，已被应用的米淀粉的颗粒直径是5.5微米，是芋头淀粉颗粒直径（1.5微米）的近4倍，其效果远差于芋头淀粉。在化妆品应用中，芋淀粉较米淀粉有四大优点：颗粒小而均匀；与皮肤黏着性好；滑爽；增白度高。芋淀粉颗粒细小，糊化容易且降温后黏度较小，保水性能好，溶胀势大，可用作照相纸的粉末和药片的赋形剂。淀粉中直链淀粉含量低，可添加到直链淀粉含量高的大米中，使直链淀粉含量保持在12%～20%，使米饭柔软适中，改善口感。在肉制品生产中添加一定量的芋淀粉，可以起到黏合、填充、增强持水性等作用，使肉制品的品质有所改善。此外，还可用作酿造、生产乳化剂、稳定剂、物理或化学变性淀粉的原料，广泛应用于食品工业。与此同时，大量的研究表明，正积极开发研究淀粉类生物降解材料，用来制备性能优良、可生物降解、"环境友好"的材料,逐渐摆脱"白色污染"。芋淀粉作为淀粉家庭中的一员,也可考虑制成这类产品,为改善人类的生活环境做出贡献。

(三)芋的药用价值

芋头是一种常用的中药材,芋头的球茎、叶片、叶柄和花均可加工入药,其性辛、平、滑,具有调理脾胃、益中气的功用。中医认为芋头有开胃生津、消炎镇痛、补气益肾等功效,可治胃痛、痢疾、慢性肾炎等。根据营养分析,芋头含有糖类、膳食纤维、B族维生素、钾、钙、锌等,其中以膳食纤维和钾含量最多。芋头性平滑,味甘辛,具有化痰散瘀、健胃益脾、调补中气、解毒止痛等功效。芋头含有一种黏液蛋白,可被人体吸收从而产生免疫球蛋白,提高机体的抵抗力,可抑制消解人体的"痈肿毒痛"、癌毒等毒素,具有解毒的功效,同时对肿瘤及淋巴结核等病症也具有一定的防治功效。

此外,芋头富含多种矿物元素及黏液皂素,有助于补充机体所缺乏的矿物元素,增进食欲。芋头的碱性还能中和体内积存的酸性物质,调整人体的酸碱平衡,可调节胃酸过多症,同时能起到美发养颜的功效。

虽然芋不是最重要的球茎作物,但却是分布最广的作物之一,其种植范围几乎遍布全世界,特别是热带、亚热带地区。值得一提的是,政府对芋进行的统计数据中,有些并不包括山村地区为了维持生计所种植芋的数量,以至于芋的重要性常常被低估。事实上,要提高芋的经济价值,我们不仅要重视其中的淀粉及其他营养成分,也不能忽视其所蕴含的非淀粉多糖以及其他功能成分。

三、芋的类型

园艺学按食用部位,将芋分为茎用芋、花柄用芋和叶柄用芋。

(一) 茎用芋

1. 球茎用芋

球茎用芋可分为多子芋、魁芋、多头芋3种类型。

多子芋类型以食用子孙芋为主。球茎分蘖性强,常能在母芋中部各节上发生一次分蘖,称为子芋,从子芋上发生的分蘖称为孙芋,有的甚至能产生曾孙芋。按球茎芽色可分为红芽芋和白芽芋两种类型。

魁芋类型以食用母芋为主。植株高大,分蘖性弱,母芋特别发达,子芋少,一般具有短柄,供繁殖用。按母芋形状分为根状茎魁芋副型、长魁芋副型、粗魁芋副型。

多头芋类的母芋、子芋互相连接重叠,成为块状,母芋与子芋大小无明显差别,各个球茎不易分离,繁殖时需用刀切开。球茎质地介于粉质及黏质之间。按球茎形状可将其分为长且多头、平且多头两种类型。

2. 匍匐茎用芋

地下球茎不发达,无子芋;匍匐茎较多,发达,一般长 30~60 厘米,顶端向上可形成小植株,在温度较高地区易开花,如云南的弯根芋。

(二) 花柄用芋

以食用花柄为主,地下球茎较小,可食性较差,并且一般抽生匍匐茎,叶柄一般为水红色和紫色。

(三) 叶柄用芋

植株高大,叶柄绿色或紫色,地下球茎很小,有的甚至长有匍匐茎。如霞山叶用芋、滴水芋,在云南、福建、江西等地有栽培。

四、芋的栽培区域

根据我国自然地理环境条件和栽培特点,芋主要分为以下几个栽培区域:

(一) 华南区

主要包括广东、广西、福建、海南、台湾等省、自治区。这些地区雨量充沛,气温较高,全年无霜,年内最低温度在10℃以上,不加任何覆盖物芋可在地里安全越冬,2～5月可排开定植,最晚可到6月,9月以后可随收随上市。在夏季,这些地区温度高达30～35℃,甚至以上,芋能度过炎热的夏天,且能正常生长发育。夏季阴雨天较多,正适合芋所要求的高温多湿环境条件。海南属热带季风气候,栽培时间区别较大,一般育苗时间在第一年秋季。经过催芽的种芋,在第一年12月至第二年2月后定植。在华南区栽培的芋,其品种类型有魁芋、多子芋、多头芋,其中以魁芋的栽培面积最大,品种类型较为丰富,如福建的福鼎芋、黄肉芋,广西的荔浦芋、贺州香芋,广东乐昌的炮弹芋等。

(二)华中华东区

包括湖南、湖北、江西、浙江、江苏、安徽南部。这些地区年降水量为750～1000毫米,部分地区高达1500毫米,夏季温度较高,冬季霜雪较少,1月平均气温0～12℃,7月平均气温24～30℃,全年无霜期为240～340天,3月下旬至4月上旬定植，秋末冬初霜降到来之前收获，也可通过培土等防护措施就地安全越冬，一直收获至第二年3月下旬至4月上旬。在华中和华东区栽培的芋，以多子芋为主，如龙游红芽芋、绩溪水芋、汉阳红禾、乐平红芽芋等，近年来，通过从华南地区引进栽培，魁芋（槟榔芋）在华中和华东地区栽培获得成功。

（三）华北区

包括山东、河南、河北、山西、陕西长城以南地区，及江苏、安徽淮河以北地区。这一地区雨量较少，冬季寒冷，全年无霜期200～240天。芋的栽培有两茬即春茬和夏茬，春茬一般在4月上旬定植，夏茬在5月中旬前后播种。9月下旬至10月均可收获，以春茬产量最高。在华北区种植面积最大的为山东省胶东半岛，主要种植的大多为多子芋，且一般为白芽，如莱阳8520、虾籽芋等。

（四）西南区

包括四川、重庆、云南、贵州。这一地区以

盆地、丘陵地形为主,冷空气与暖湿气流交汇地带,夏季闷热潮湿,冬季阴冷多雨,春秋季多云多雾,年平均温度为14~24℃。西南区芋种质资源类型丰富,种类较多,其中芋资源最丰富的地区为云南省,该省自然环境复杂多样,有叶用芋变种(玉林叶用芋)、球茎芋变种(昆明芋、弯根芋)和花用芋变种(普洱红禾花芋)三大类,尤其是元江县,弯根芋种植面积较大,其匍匐茎、叶柄、花茎皆可食用,四川省有多子芋、魁芋、多头芋以及叶柄用芋等,其中多子芋一般为紫柄白芽。

第二讲
芋的形态特征及特性

一、芋的植物学形态特征

芋植株形态见图1。

(一) 根

肉质纤维根,着生在球茎上,须状,由叶柄基部的球茎根带(或称节位)发生,初为白色或淡红色,一般白芽品种的根为白色,红芽品种的根为淡红色,但老化后变为黄褐色。根系发育旺盛,但根毛少,吸收能力不强,再生能力较差。根系主要分布在球茎周围50厘米左右的土壤中,土壤肥沃、疏松,根长可达100厘米以上。根生长初期,根系分布较浅,不耐干旱,随着植株的生长,根系逐渐强大,抗旱能力亦随之逐渐增

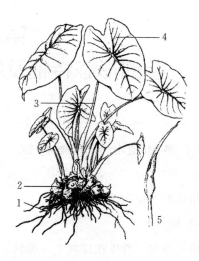

图1 芋植株

1. 根 2. 球茎 3. 叶柄 4. 叶片 5. 花序

强。据观测,芋根的发生规律是随着母茎茎节伸长,球茎逐渐膨大,新生根由基部向上部根带逐渐发生,下部肉质根逐渐枯死而只在球茎上留有根的痕迹。根系数量中期多,前后期少。根系的作用是吸收水分和养分,一般而言,根系大,芋球茎产量高;根系小,产量低。由于芋根一般分布较浅，容易受旱，在栽培上应注意选择排灌良好的田块种植。

（二）茎

分为球茎和根状茎。春季球茎顶芽萌发生长后，在其上端形成短缩茎，短缩茎膨大形成新的球茎，即母芋。球茎上具显著的叶痕环，节上有棕色的鳞片毛，为叶鞘残迹。在正常情况下，母芋节位上腋芽有一个发育形成小球茎，通称子芋，依次类推可形成孙芋、曾孙芋、玄孙芋等；也有品种的腋芽可发育成根状茎，再在其顶端才膨大形成小球茎。母芋的形状分为扁球形、圆球形、圆柱形、倒圆锥形、椭圆形、莲花形、狗蹄形（图2），子芋和孙芋形状分为棒槌形、长卵形、倒圆锥形、卵圆形、圆球形（图3）。

芋头以球茎作为繁殖器官，称为种芋。种芋通过冬天贮存打破休眠期，在适宜的温度、湿度、光照等条件下，便开始萌发，到第一片真叶展开大约需一个月时间。

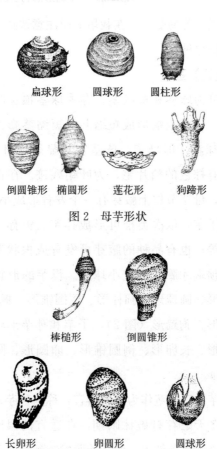

图2 母芋形状

图3 子芋和孙芋形状

(三) 叶

芋头叶互生于茎基部,2/5叶序。叶片形状分为箭形、卵形、心形、狭心形,大小因品种而异,一般长25~90厘米,宽20~60厘米,叶表面有密集的乳突,乳突大小因品种不同而不同,早芋较小,其他芋较大。乳突能保蓄空气,形成气垫,使水滴形成圆球,不会沾湿叶面。叶柄直立或开展,下部膨大成鞘,抱茎,中部有槽。叶柄长一般为40~180厘米。叶柄颜色主要有绿色、乌绿色和紫色3种基本颜色,根据颜色深浅变化,分为绿白色、淡绿色、黄绿色、绿色、深绿色、乌绿色、紫红色和紫黑色。

(四) 花

佛焰花序,单生,短于叶柄,花柄色与叶柄色基本相关,管部长卵形,檐部披针形或椭圆形,展开呈舟状,边缘内卷,淡黄色至绿白色(图4)。肉穗花序长约10厘米,短于佛焰苞,由顶端到基部可分为4个部分,即附属器、雄花区、中性区和雌花区,其中中性区和附属器为不育部分(图5)。

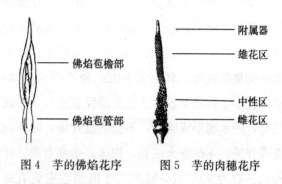

图4 芋的佛焰花序　　图5 芋的肉穗花序

(五)果

果为浆果。浆果内有种子,种子小。

二、芋的生物学特性

(一)芋对环境条件的要求

1. 温度

芋喜高温多湿的环境条件,不耐低温和霜冻,一般当温度上升到13~15 ℃时球茎开始发芽,生长期间要求20 ℃以上的温度,其生长最

第二讲　芋的形态特征及特性

适温度一般为 25～30 ℃，即使气温高达 35 ℃，只要肥、水供应得当，土温保持在 35 ℃以下，植株仍能正常发育。到球茎形成时，要求温度适当降低，以 20～26 ℃为宜，有利于球茎形成和膨大，温度过高不利于结球和膨大。芋头不同类型对温度的要求范围有差异。多子芋可在较低的温度下种植，故长江流域分布较广。魁芋对高温要求严格，并要求有较长的生长季节，球茎才能充分成长，故大魁芋多产于高温多湿的珠江流域，生长过程中遇到低温干旱则生长发育不良，叶片细小，叶肉薄，叶色黄绿，球茎小而少，影响产量和品质。黄河流域、长江流域适于栽多子芋和多头芋。不同的生育期，芋头对温度的要求也有差异。

（1）萌芽期

芋头的最适发芽温度是 13～15 ℃，多子芋 12～13 ℃能正常发芽。适温季节到来必须及时播种，不可过早或过晚，过早温度较低，芋头种在地里迟迟不发芽，时间长则腐烂，造成缺苗断垄。过晚则满足不了芋的生育期,球茎不能正常发育,降低产品产量和品质。南方应在2月定植,长江流域、黄河流域应在3月上中旬定植,华北地区应在3月中下旬至4月上旬定植,东北寒冷地区除选择早熟品种之外,定植期可安排在5月。如果保护地栽培,根据当地气候条件可提前5~15天定植。特别是华北和东北地区,霜降到来之前必须收获,所以品种应选择早熟多子芋。无霜期较短的地区,露地栽培满足不了芋的生育期,如辽宁省及辽宁以北,可用保护地育苗,设立阳畦,芽长4~5厘米时便可起苗定植,定植方法基本同马铃薯。大田也可加盖地膜、小拱棚等早春保护设施。

(2) 幼苗期

全苗壮苗是芋头高产的基础。芋头的幼苗期一般是指第一片叶开始平展到第四片叶平展结束的时期,南方已进入4月上旬,长江、黄河流域在4月下旬,华北区是5月中下旬,东北区为6月上旬至中旬。幼苗期的主要矛盾是温度较低,解决的方法是提高地温,促进根增多、伸长;勤松土锄草,少浇水;蹲苗,使值株粗壮,为发棵期打好基础。幼苗期温度在 20~25 ℃,最适合芋生长发育。

(3) 发棵期

适温为 25 ℃以上,35 ℃以下,南方 5~9 月,长江、黄河流域 6~8 月,华北区 6 月至 7 月初,东北区为 7 月。这一时期自然温度足够芋头生长发育,昼夜温差大,有利于球茎的形成。发棵期子芋、孙芋开始形成,球茎形成最适温度为白天 28~30 ℃,夜间 18~22 ℃。

(4) 结芋期

适温 20 ℃,南方进入 10 月,长江、黄河流域在 9 月,华北区是 7 月,东北区为 8 月。结芋期是子芋、孙芋膨大充实期,要求温度不能超过 35 ℃,昼夜温差大,有利于物质积累。

(5) 球茎休眠期

气温降到 15 ℃以下,地上部停止生长。南方球茎留在土中,土壤干燥,温度在 8~15 ℃进入休眠期。

2. 光照

芋较耐阴,对光照要求不太严格,在散射光的条件下能正常生长,但光的强度、组成以及光照时间对芋的影响较大,较强光照有利于芋的生长和产量品质的提高。

芋的光饱和点在 50 000 勒克斯左右。在栽培上,温度、光照、湿度合理搭配,才能有利于地上部生长和地下部产品器官形成。光照弱的条件下,应适当降低温度,同时湿度相应增高,降低呼吸作用,有利于芋的代谢平衡;光照强时,温度相应升高,温度随之降低,有利于光合产物的积累。

芋生长发育与光的组合密切相关,在蓝紫光(短波光)下芋的叶片大而厚,叶柄粗短,有利于维生素 C 形成;在红光和黄光下,芋的叶片较小,叶柄长而细。

芋头的形成要求较短的日照,但较长的光照时间有利于地上部生长。因此,在生长前期要求有较长光照时间和较高温度,促进叶面积增大,增加光合产物积累,为地下部球茎生长和膨大提供充足养分。

3. 水分

芋头喜湿,但不可长期淹水。不同生育期对湿度要求也不一致。

(1) 萌芽期

我国各地都是在春天种植芋头,而春天地温较低。此期水分不可太多,水分多,地温回升慢;水分少,地温回升快。因此,只需保持芋田稍为湿润即可,以利于芋头的萌发。

(2) 幼苗期

水分不是主要矛盾,温度是关键,特别是地温。地温高,幼苗生长快而粗壮;地温低,幼苗生长慢而瘦弱。若水栽,在定植前灌水6~7厘米,晒水3~5天,水层降至3~5厘米时定植。定植的幼苗叶子须高出水面,待缓苗后把水全部排出,增加地温,促进根系生长。若旱栽,则定植前浇足底水。如果采用地膜覆盖栽培,提前3~5天盖地膜,定植时浇少量水即可；若采用露地栽培，待底水下渗后3~5天地面潮湿时定植，定植时浇定根水，再覆细土护苗。

(3) 发棵结芋期

这一时期生长较快，是产量形成的关健时期，对水分的要求非常严格。水芋、旱芋对水分要求有一定差异。水芋前期水层深度应保持4~7厘米，到7、8月温度升高时，水层深度应控制在15厘米左右，以降低地温，促进生长。旱芋在前期要求湿润，随着温度的升高，逐渐加大灌水量，特别是7、8月，宜保持沟底有水。

(4) 球茎休眠期

水芋采收前20天左右放干田水，保持土壤湿润；旱芋南方留在地里越冬的，要保持土壤干燥。芋头准备窖藏或室内贮藏的，芋田要早断水。收获时，如果芋球茎过湿，则不利于芋头贮藏。芋头贮藏前要晒3~5天，球茎适当缩水，有利于贮藏。

4. 土壤

芋头的适应性较广,对土壤质地要求不是很严格。宜选择地势平坦、保水保肥能力强、排灌方便、土层深厚(耕作层在20～30厘米)、疏松肥沃富含有机质的壤土或沙壤土为好,并且含水量较高,生产出的芋头表面光滑、产量高、商品性好。黏重壤土生产的芋头,淀粉含量少、水分多、表面粗糙、商品性差、不耐贮藏。一般要求土壤有机质含量1%、碱解氮60毫克/千克、有效磷10毫克/千克、速效钾80毫克/千克以上的高肥力地块。

芋头对土壤酸碱度要求也不是很严格,pH4.1～9.1都能正常生长,最适宜的pH是5.5～7.0。土壤过酸或过碱都会使土壤团粒结构遭到破坏。酸性过强的腐殖酸——富里酸不易凝聚,过多的铁、铝、氢离子能使土壤胶结成大块。碱性过强,钠离子过多,又会使土壤胶粒分散,不易凝聚。过酸或过碱都不利于土壤团粒结构的形成,易造成土壤板结,影响球茎的生长发育和品质。

(二) 芋各生育期特点

在我国,芋头的生育周期是球茎经过越冬休眠、播种出苗,进入营养生长期,最后形成新一代子芋、母芋。一般无明显的划分界限,通过植株地上部和地下部生长发育特点和季节,芋头生育期划分为萌芽期、幼苗期、发棵期、结球期以及球茎休眠期等5个时期。

1. 萌芽期

一般休眠越冬的种芽,于清明以后外界温度上升到15℃左右时,其顶芽开始萌动,经历20天左右,种芋在土中吸水,长出不定根,再经10天左右,顶芽萌发出土,此为萌芽期。萌芽主要利用种芋本身贮存的养分。种芋吸足水分,在适宜温度范围内顶芽基部先发根,后发芽,温度高时顶芽先萌发后长根。如抗旱播种,使发芽前能发生较多的根系,有利于培育壮苗,有利于植株生长发育,防止后期早衰。

2. 幼苗期

从顶芽出土到具有 4~5 片真叶为幼苗期。幼苗期植株生长较慢，吸收土壤水分、养分不多，前期主要依靠种芋本身贮存的养分，以后逐渐从土壤中吸收和同化养分，幼苗期经历 35 天左右。第一片叶平展之后开始向大田定植，第二片叶开始缓慢生长，从第二片叶开始平展到第四片叶展开，由于这时期气温和地温都较低，生长缓慢，地下部种芋逐渐缩小，贮存的营养物质被消耗，种芋在发芽期形成的不定侧根由白变褐色后枯死。种芋顶部膨大形成母芋，成长的母芋上逐渐形成 6~8 个轮环，每个轮环上有一个侧芽，侧芽进一步发育即形成子芋。这一时期以叶片和根系生长为上，生长量不大，是为后期发棵和结芋期打基础的时期。

3. 发棵期

植株发棵放叶，生长迅速，基部短缩茎开始逐渐膨大，形成新的母芋，为发棵期。发棵期一般经历 35~45 天，因品种而有差异，为营养生长的主要阶段，要求水、肥供应充足，防止高温干旱。第四片叶展平后进入顶盛生长期，叶片数迅速增加，叶面积急剧扩大，球茎的重量与日俱增，是形成产品器官的主要时期。"四叶平"是生产上的转折点，第五片叶生长特快。在栽培上应结合除草、追肥、培土、浇水等配套措施，为球茎膨大创造良好的土壤环境条件。发棵期，长江、黄河流域正是梅雨季，雨水较多，旱芋喜湿，但不耐涝，过涝对根系生长不利。梅雨期应做好排涝工作。

4. 结芋期

从新母芋上的腋芽开始萌生子芋，到母芋和子芋充分变大，为结芋期。结芋期地上部虽陆续抽生新叶，但生长变慢，地下部球茎则不断膨大。到新叶不再抽生，老叶逐渐枯黄时，母芋和子芋已全部形成和充实。本阶段经历时间较长，一般为80～110天，因品种和栽培条件而异。本期开始要求水、肥供应充足，以促进球茎膨大，以后逐渐减少水、肥供应，以促进球茎老熟，防止后期徒长。结芋期是产生新芋并膨大的时期。球茎的膨大依赖于贮藏物质的积累,而贮藏物质积累又依赖于光合作用。要获得高产,形成较大的叶面积是关键。生产上要注重延缓第7~14片叶的衰老速度,同时应避免叶面积过大、植株互相拥挤、叶柄无限生长、叶片小而薄、光合作用减弱、地上部和地下部不相协调的矛盾,特别当氮肥过多时,往往地上部生长过旺,球茎生长受到抑制,导致产量下降。

5. 球茎休眠期

气温降到15℃以下,植株地上部生长完全停止,并不断枯黄,经霜完全枯死,以球茎留存土中,在8~15℃和比较干燥的条件下进入休眠越冬,直到第二年春季,球茎萌动发芽。

第三讲
芋头营养需要及施肥

一、芋对营养元素的吸收分配规律

芋头幼苗期对氮、磷、钾的吸收最少,发棵期和球茎膨大期吸收速率迅速增加,球茎膨大后期吸收积累速率又有所下降。芋头幼苗期至发棵前期,氮主要分布在叶片中,磷、钾主要分布在叶柄中;发棵后期至球茎膨大期,氮、磷主要分布在子芋中,钾主要分布在孙芋中。芋对氮、磷、钾、钙元素的吸收量以出苗后45天为最高,对镁的吸收量整个生育时期差异不大,对氮、钙、镁吸收的积累量是从出苗后93天后开始增加,对磷、钾吸收的积累量从出苗后的109天开始增加。钙元素从出苗后45天至收获期46.78%以上分配在叶片中，而镁元素从出苗后45天至125天主要分配在叶片中，最后转入子芋。

二、芋头吸收三要素的数量

芋头全生育期对氮、磷、钾的总吸收比例为1∶0.8∶1.1，对钾的吸收量最多，其次是氮，对磷的吸收量最少。磷肥过多或过少均会降低产量，施磷量以225千克/公顷为最佳，芋产量可达到39 734千克/公顷。在氮（N）、钾（K_2O）施用量分别为261.75千克/公顷、757.50千克/公顷以内，产量随施肥量的增加逐渐提高，超过此用量则产量下降。一般每生产1 000千克芋头需钾8千克、氮4.4千克、磷1.4千克，还须有钙、镁、硫、铁、硼等微量元素。

芋生长期长，需肥量多，耐肥力强，除施足基肥外，还要多次追肥。苗期生长较慢，需肥少，主要是芋种本身贮存的养分供生长所需，以后植株生长加快，需肥量逐渐增加，一般培土3～4次，追肥3～4次，且逐渐加大追肥量，前期以氮肥为主，促使地上部生长，形成一定的叶面积，为球茎形成期打好基础。在发棵期，培土已成垄，可追施腐熟人粪尿或饼肥、绿肥等长效肥料，并配合磷、钾肥，促进球茎膨大、淀粉积累。生长后期应控制肥、水，特别氮肥不宜过多，以防徒长、地上部和地下部生长不协调、延迟成熟、降低产量。旱芋基肥用堆厩肥、禽肥、草木灰、垃圾等富含有机质的土杂肥为佳。胶东半岛、东北地区用炕土更好，因炕土富含钾肥，每亩穴施或沟施2 000～2 500千克，或铺施1 000～1 250千克，有利于根系及球茎生长。水芋基肥可用厩肥、沟泥、河泥，还可用青草或菜叶作绿肥。因全国各地土壤氮、磷、钾含量不同，东北地区土壤氮、磷含量高，南方土壤含钾较少。各地应根据土壤条件、自然气候、耕作情况，合理搭配氮、磷、钾比例。

第三讲 / 芋头营养需要及施肥 /

三、营养元素的生理功能及缺素诊断

1. 氮元素

氮是蛋白质和叶绿素等物质的重要组成部分,适当增施氮素肥料能有效促进茎、叶生长,并使叶色鲜绿,增加绿叶面积,提高光合作用,使芋头增产。

芋缺氮,出苗后生长弱,植株矮小,叶片小,叶淡绿色,生长中后期植株生长缓慢,通常先从老叶开始变黄,逐渐向上部叶片扩展;易早衰,球茎小,产量低。

防止措施:播种前施足有机肥的同时适当加入尿素或氮磷钾复合肥;中后期适当追施速效氮肥;叶面喷施浓度为 $0.3\%\sim0.5\%$ 的尿素、$0.3\%\sim0.5\%$ 的磷酸铵。

2. 磷元素

磷是细胞原生质和细胞核的重要组分之一,

能促进细胞分裂,提高养分合成与运转能力,磷肥可促进芋头生长,增加株高、植株鲜重,提高叶绿素含量、根系活力、硝酸还原酶活性和光合速率,从而提高产量。施磷肥能增进球茎的淀粉含量及香味,改善芋品质。

缺磷植株生长速度缓慢,叶色为暗绿色或灰绿色,没有光泽;严重时叶片枯死脱落,症状从老叶开始发生。

防止措施:播种前,施足有机肥的同时适当加入氮磷钾复合肥或过磷酸钙;中后期适当追施速效磷肥;叶面喷施浓度为 $0.3\%\sim0.5\%$ 的磷酸二氢钾。

3. 钾元素

钾能延长叶的功能期,使叶片保持鲜绿色,从而提高光合强度,促进光合作用形成的碳水化合物向球茎输送,提高球茎淀粉和糖分的累积速度,加快球茎形成层活动的能力,促进球茎膨大。钾肥可促进芋的生长,增强叶的抗衰老能力,提高产量及氨基酸、淀粉的含量。

缺钾先从老叶开始，老叶叶尖和边缘发黄，逐渐变褐，进而叶片上会出现黄褐色斑点，继续发展可连成斑块，但叶脉仍保持绿色，严重时叶脉同样也会枯死。缺钾一般先从老叶开始发生，但如果土壤严重缺钾时，出苗后幼苗也会出现症状。缺钾最后导致叶片脱落、植株早衰、球茎分蘖少、产量低、品质下降。

防止措施：播种前增施高钾肥或硫酸钾复合肥，生长中后期追施或冲施高钾型复合肥或高钾型液体冲施肥，叶面喷施浓度为0.3%～0.5%的磷酸二氢钾、3%～5%的草木灰浸提液。

4. 钙元素

钙能够中和作物体内代谢过程中产生多余且有毒的有机酸，调节细胞内酸碱度，对稳定细胞内环境有重要作用，加强有机物运输的作用。

缺钙首先从生长点和幼叶开始，新叶的叶脉

间黄白色，心叶向内弯曲，接着枯死。中后期严重缺钙时，叶片变形或失绿、叶片下垂、叶柄弯曲、叶片边缘出现坏死斑点，但老叶仍保持绿色。

防止措施：播种前在土壤中施入过磷酸钙或钙镁磷肥做基肥；叶面喷施浓度为2%的过磷酸钙浸出液、0.2%~0.4%的氯化钙溶液，田间覆草保持土壤湿润。

5. 镁元素

缺镁一般先从下部叶片开始，由于叶绿素不能合成，叶片褪绿黄化，逐渐向上扩张。叶片褪绿先从叶边或靠近叶边缘发生，继续向主脉和第二道叶脉之间的叶肉扩展，以后叶脉变褐枯死。缺镁植株矮小，致使光合作用无法进行。严重缺镁时，碳水化合物代谢受阻、酶的活性降低、芋球茎中淀粉含量减少。

防止措施：播种前在土壤中施入钙镁磷肥或4~7千克硼镁肥做基肥；叶面喷施0.1%的硫酸镁溶液。

6. 其他元素

缺硫先是幼芽黄化或褪绿,随后黄化症状逐渐向老叶扩展,以致全株变黄。茎秆细弱,根细长不分叉。芋一般不缺硫。

缺铁时,叶绿素不能形成,常出现缺绿症,首先出现在幼叶上,下部老叶则保持绿色。失绿的叶片,初期只是叶脉间失绿,然后叶片变白,叶脉也失绿,逐渐变黄。如果缺铁严重时,叶片上还会出现褐色斑点和坏死组织,并导致叶片死亡、脱落。前茬是豌豆、甜菜、菠菜的地块,有可能缺铁。防止措施:叶面喷施硫酸亚铁,浓度为 0.1%～0.2%。

缺锰先从新叶开始,新叶的叶脉间淡绿,老叶叶脉间发黄,严重时叶脉组织出现细小黄色斑点,类似花叶症状,后黄斑扩大,逐渐向老叶发展。防止措施:叶面喷施 0.05%～0.1% 的硫酸锰 2～3 次;注意田间排水,防止土壤过湿,避免土壤溶液处于还原状态。锰过量时植物叶片的叶脉、叶柄均呈黑色,叶脉间淡绿,与缺锰症相似。

缺硼时,芋植株自下部叶的叶缘开始变黄白色,叶脉间有黄色斑点,并逐步往上部叶扩展。防止措施:苗期或开花前期叶面喷施0.05%～0.2%硼砂或0.02%～0.1%硼酸溶液。

缺锌时叶片发育不良向背面反卷,叶片和叶缘焦枯。防止措施:增施有机肥,叶面增施0.1%的硫酸锌溶液。

缺铜时叶失水变黄,易干枯。防止措施:可喷施0.02%～0.05%的硫酸铜。

第四讲
芋头良种繁育及优良品种

一、脱毒芋的良种繁育

生产中,芋是无性繁殖作物。长期无性繁殖会导致各种病害侵染,特别是病毒积累,逐年加重,造成产量下降、品质变劣、种性退化,甚至绝种。据不完全统计,目前我国有70%左右的栽培芋被芋花叶病毒感染。芋感染病毒病后产量下降30%,有的甚至达50%左右。芋茎尖分生组织培养快繁技术可以有效消除芋花叶病毒(Dasheen mosaic)、芋弹状病毒(Dasheen bobone virus)等病害,解决芋种性退化问题,提高芋的产量和品质。据调查,用脱毒芋做种,可提高产量20%左右。另外,脱毒种芋节约种芋繁殖用地，解决种芋安全越冬难题等。

（一）芋茎尖脱毒快繁方法

茎尖培养能获得无病毒材料，是因为在植物体内病毒通过维管系统移动，而在茎尖分生组织中尚未形成维管系统或维管系统发育不健全；另外，病毒还能通过胞间连丝移动，但通过胞间连丝移动的速度较茎尖分生组织细胞分裂的速度慢，所以茎尖分生组织生长点不带或带少量病毒。芋茎尖脱毒快繁的基本培养基一般选用MS培养基，用白砂糖代替蔗糖作碳源，用琼脂条或琼脂粉做固定支持物，培养基的pH一般为5.8~6.0，培养温度26℃±2℃，光照度1500~2000勒克斯，每天光照时间8~10小时。

1. 外植体准备

从种芋上取微芽，用流水冲洗干净，再用70%的酒精浸泡20分钟，剥除微芽外的2~3层鳞片，再以0.1%氯化汞浸泡10秒，用无菌水冲洗3~5次，然后在解剖镜下剥取叶原基。

在利用茎尖分生组织培养脱毒技术中，茎尖

的获得往往是在超净工作台上剥离包被茎尖的鳞片及叶原基,取带1~2个叶原基的生长点进行培养。这种方法费时,但不一定能得到理想的生长点,且由于外植体在操作过程中易脱水,不易成活,或因操作时间过长易造成污染。芋茎尖外植体是从诱导的丛芽中切取所需要的叶原基进行培养,这种方法省时,避免了茎尖脱水及污染。茎尖分生组织培养脱毒,适宜大小的茎尖是至关重要的。茎尖越大,越容易成活,分化率越高,但脱毒效果欠佳;茎尖越小,脱毒效果好,但不易成活,丛芽分化率也低。作为组织培养的芋茎尖大小在0.5~0.8毫米为宜。

2. 分化培养

植物组织培养,激素浓度起着关键性作用。众多研究表明,细胞分裂素(6-BA)对植物最明显的作用是诱导细胞分裂并调节分化。单独使用细胞分裂素,只有芽的分化,不利于茎的伸长。在一定浓度范围内,单独使用3-吲哚乙酸(IAA)、萘乙酸(NAA),只对苗的增高有作用，不利于芽的分化和增殖。生长素和细胞分裂素只有适当的浓度配比，才能使分化和生长达到最佳点。芋茎尖分化培养的细胞分裂素以6-BA较为适宜，生长素以萘乙酸（NAA）较合适，浓度范围分别为2.0~4.0毫克/升和0.2~0.8毫克/升。因品种类型不同，调整激素浓度配比。

3. 病毒检测

每一茎尖分化产生的植株，在作为母本生产无病毒原种以前必须对特定病毒进行检测。由于在培养的植株中许多病毒具有延迟的恢复期，所以在最初18个月中每隔一定时间仍须进行病毒检测。只有对特定病毒显示持续阴性反应的无病毒植株，才能供生产上应用。

ELISA即酶联免疫吸附是将抗原—抗体免疫反应和酶高效催化过程有机结合在固相载体表面完成反应的一种综合技术。常用的酶联免疫吸附测定方法有直接法、间接法、双抗夹芯法、竞争法和酶抗酶法，其中双抗夹芯法是检测抗原最广泛的方法。芋病毒的检测采用双抗法（夹心法）在 405 纳米波长下进行。该法具有特异性强、灵敏度高、操作简便、易于观察等特点，非常适合大规模检测。该法可测出 1～10 纳克/毫升的抗原浓度，由于反应中显色程度与抗原量成正比，因此通过分光光度可定量测出病毒含量，对脱毒苗的确认极具应用价值。

芋病毒检测的步骤如下：

① 样品制备：取 0.2 克的叶片，加入 200 微升提取缓冲液充分碾磨。一般样品叶片量与提取缓冲液的比例为 1∶10。

② 取充分碾磨的样品 100 微升，加入包被抗体的酶联板样品孔中。实验中设一个阴性对照（提取缓冲液或健康芋头叶片）和一个阳性对照（本实验的阳性对照为 DSMV 提纯病毒）。

③ 样品加完后，把酶联板放入保湿的盒子中，在室温下孵育 2 小时，或在 4 ℃冰箱中过夜。

④ 孵育完成后，用清洗缓冲液洗涤酶联板 4～8 次。

⑤ 每个反应孔中加入 100 微升酶结合物。

⑥ 室温下孵育2小时。

⑦ 孵育完成后,清洗酶联板4~8次(同上步)。

⑧ 每个反应孔中加入100微升底物缓冲液。

⑨ 在保湿的盒子中孵育60分钟。

⑩ 停止反应。

最终结果:用眼观测反应孔,或405纳米波长下检测反应孔中颜色,反应为明显的淡黄色为阳性结果,没有明显颜色反应的为阴性结果。测量值的确认:反应值高于阴性值两倍的为阳性。

4. 继代增殖

为了达到快繁的目的,必须进行丛芽的继代增殖。芋继代增殖的激素类型及浓度与茎尖分化时的激素类型及浓度相一致。将检测合格的芋试管苗转接到继代培养基上进行继代增殖培养,25~30天产生新的丛芽,增殖系数可达20左右。一种作物一般年继代8~10代,超过10代,变异率加大,芋年继代次数一般以8代左右为宜。

5. 生根壮苗

诱导芋生根的培养基为：1/2～2/3 MS＋NAA 0.05～0.1毫克/升＋活性炭为 3.0～10.0克/升。具体的操作方法为：将1.5～2.0厘米高的芋丛芽分切成单株，转接到生根培养基上，3～5天后开始生根，15天后根大量增加，长的可达10厘米左右。试管苗叶片大且颜色浓绿，健壮整齐。生根壮苗有助于提高试管苗的成活率和试管芋的诱导率。

6. 试管芋诱导

以前生产上都是以脱毒试管苗为材料进行脱毒种的生产。用试管苗作种生产，需经过炼苗、洗苗、移栽驯化等繁琐复杂的过程，且成活率还不高。试管芋体积小、重量轻，便于贮藏、运输和保存，做种芋时成活率高。

试管芋的形成及发育受多种因素影响，最有利于诱导试管芋形成的培养条件为：糖浓度8%，BA1.0毫克/升，NAA0.5毫克/升，温度30℃，光照时间12小时。试管苗越大，越有利于试管芋的形成。

7. 试管芋质量要求

合格的试管芋标准：单个芋球茎质量0.6克以上，形状整齐一致，具完整顶芽。

（二）脱毒芋原原种的繁育（繁殖用种）

1. 脱毒试管芋的育苗

选用顶芽充实完整、大小一致、质量不小于0.6克的脱毒试管芋作种，2月下旬至3月上旬在40目的防虫网纱棚内用营养钵育苗。棚内温度保持15～20℃。试管芋苗的质量要求：植株高10～15厘米，具3～4片叶，根系发达。

2. 大田种植

（1）土壤准备

选用防虫网隔离大棚，采用40目网纱覆盖。土壤耕深25～30厘米，每亩施腐熟粪肥2 000～2 500千克、过磷酸钙30～40千克、硫酸钾20～30千克，耕平耙细，开沟作畦。畦面宽1.0米，畦沟宽30厘米、深20厘米。

(2) 田间定植

将由脱毒试管芋培育好的种苗于3月下旬至4月上旬定植,每畦2行,行距70厘米,株距30厘米。

3. 田间管理

(1) 排灌

生长前期保持土壤湿润,干旱天气时,5~9月每间隔7天灌溉一次,从10月起停止灌溉。雨天及时排水。

(2) 追肥

种苗定植成活至5月下旬,每隔15天浇施10%粪水500千克,并加尿素5~8千克。6月上旬至8月上旬结合培土,追肥一次,每次每亩施硫酸钾10~15千克。

(3) 培土

6月上旬开始每隔20天培土一次,培土厚度逐渐增加,使培土总厚度达15~20厘米。

(4) 拔除病毒株

生长期间及时拔除病毒感染株。

4. 收获

地上部茎叶枯萎后割除地上部分,采挖获取地下部分。

5. 质量要求

脱毒芋质量符合以下各项要求:

① 品种纯度不低于99%;

② 田间植株病毒带毒率不高于0.1%;

③ 植株芋软腐病、芋疫病及芋污斑病携带率为0;

④ 单个球茎质量不低于30克;

⑤ 无明显机械伤,顶芽完好;

⑥ 新鲜,无萎蔫,无腐烂;

⑦ 萌发率不低于90%。

6. 包装、贮藏及运输

(1) 包装

不同品种不同批次的脱毒芋要分开包装。包装材料需防潮、通气,防挤压。同一包装箱内的数量误差不超过2%。

每件包装上须有标签。标签标注作物种类、

种子类别、品种名称、产地、质量指标、检疫证明、净含量、生产年月、生产商名称、生产商地址以及联系方式。

（2）贮藏与运输

脱毒芋采挖后，先风干 1～2 天，然后集中贮藏。贮藏温度为 8～10℃，空气相对湿度为 80%～85%。应按品种、批次分别贮藏和运输，不得混杂。贮藏运输过程中应防冻、防晒、防鼠、防雨淋、防挤压，通风良好。

（三）脱毒芋原种的繁育（生产用种）

1. 产地环境条件

要求田块周围 500 米范围内无其他芋种植，水源充足、地势平坦、排灌便利及保水性好。土壤 pH5.6～7.5。

2. 品种选择

选用通过省级农作物品种审（认）定的品种或优良地方品种，如鄂芋 1 号、鄂芋 2 号等品种的脱毒芋。

3. 大田准备

选择地势平坦或平缓、土层深厚、疏松肥沃、通透性好的地块,实行三年以上轮作。耕深25~30厘米。基肥每亩施腐熟粪肥2 000~2 500千克、过磷酸钙30~40千克、硫酸钾20~30千克,耕平耙细,开沟作畦。

4. 种苗准备

选用新鲜、无萎蔫、无腐烂、顶芽充实完整、大小一致、质量不小于30克的原原种作种芋。育苗床宜背风向阳、排水良好。2月下旬至3月上旬排播种芋,播种前将种芋晒2~3天,播种行距和株距均为10厘米。播后用腐熟堆肥或肥沃细土覆盖,喷水后盖上薄膜和塑料拱棚。播种时使种芋顶芽向上。育苗期间苗床保持湿润,且晴天白天揭膜通风,夜间盖严,棚内温度保持为15~20℃。

5. 大田定植

3月下旬至4月上旬定植,等行距单行起垄时,行距70~80厘米,株距30~40厘米;宽窄行双行起垄栽培时,宽行行距 70~80 厘米,窄行行距 25 厘米,株距 30~40 厘米。

6. 大田管理

(1) 排灌

生长前期保持土壤湿润,5~9 月每 7 天灌溉一次,从 10 月起停止灌溉。雨天及时排水。

(2) 追肥

秧苗定植成活至 5 月下旬,每隔 15 天每亩浇施 10% 粪水 500 千克,并加尿素 5~8 千克。6 月上旬至 8 月上旬结合培土追肥一次,每亩施硫酸钾 10~15 千克。

(3) 培土

6 月上旬开始每 20 天培土一次,培土厚度逐渐增加,使培土总厚度达 15~20 厘米。

7. 采收

在植株地上部茎叶全部发黄或枯萎时收获。

8. 生产档案

建立生产档案,记录生产过程中的种苗、土

壤、肥料、农药等投入品使用情况及其他田间操作管理措施。生产档案至少保留3年。

二、主要栽培品种

(一) 多子芋

1. 鄂芋1号

武汉市蔬菜科学研究所选育。早中熟白芽多子芋。叶柄紫黑色,子孙芋卵圆形,芋形整齐,棕毛少,单株母芋1个,子孙芋25个左右,单个子芋质量50~70克,单个孙芋质量32~42克,单株子孙芋质量1.4千克左右。一般8月每亩可采收青禾子孙芋1 200千克左右,10月下旬采收老熟子孙芋2 200~2 500千克。

2. 鄂芋2号

武汉市蔬菜科学研究所选育。晚熟红芽多子芋。生长势较强,叶柄乌绿色,母芋芽色淡红,子孙芋卵圆形,芋形整齐,棕毛少。单株母芋1个,单株子芋数量7个左右,子芋平均质量

80 克左右,单株孙芋数量 8~10 个,孙芋平均质量 38 克左右,单株子孙芋质量 900 克左右。一般每亩子孙芋产量 1 800 千克左右。耐旱性较强。

3. 金华红芽芋

金华市农业科学研究院和浙江大学生物技术研究所选育。2011 年通过浙江省品种审定。多子芋类型,中晚熟,全生育期 200~210 天。子芋长卵圆形,孙芋卵圆形,表皮棕褐色,肉质乳白色。单株结子芋 10 个、孙芋 6 个。子芋平均重 80~90 克,孙芋平均重 27.7 克,10 月下旬采收,每亩产量 2 500~2 800 千克。

4. 铅山红芽芋

多子芋,中熟,生长期 210~240 天。株高 90~100 厘米,叶片阔卵形,叶柄淡紫色。母芋较大,近圆形,芽红色,每株子芋 7~10 个,子芋肥大,表皮褐色,肉白色,单株产量 0.85~1 千克。含淀粉较多,品质优。9~10 月采收,亩产 1 500~1 700 千克。

5. 莱阳 8520

莱阳农学院选育。多子芋,早熟,生育期178天。子孙芋卵圆形,商品性好,棕毛少。单株子芋20个,子芋平均质量60克,大于32克的子芋占91%以上,9月中下旬采收,每亩产量3 700千克。

6. 乌秆枪

地方品种,原产于四川省泸州市。栽培历史悠久。属多子芋。叶片绿色,蜡粉中等。叶柄黑紫色,叶背脉有紫色斑纹。子芋近圆形,外皮棕色,鳞片白色,球茎肉质细软黏滑,品质较好。每亩产量2 000~2 500千克。

(二)魁芋

1. 荔浦芋

地方品种,产自广西荔浦县。栽培历史悠久,魁芋类。株高130~170厘米,叶柄上部近叶片处紫红色,下部绿色,叶片盾形,长50~60厘米,宽40~55厘米,母芋长筒形,重1.0~1.5千克,大者可达2.5千克以上。子芋和孙芋长棒锤形,头大尾小,尾部稍弯,芋芽淡红色,芋肉白色,有紫红色花纹。以食母芋为主,肉质细、松、粉,特富芳香味。旱栽,每亩产量1 500~2 000千克。

2. 福鼎芋

地方品种,产自福建省福鼎县。魁芋类。株高170~200厘米,最大叶片长110厘米,宽90厘米,母芋圆筒形,单个母芋重3~4千克,大者可达7千克以上。芋芽淡红色,芋肉白色,有紫红色花纹。以食母芋为主,肉质细致、松、粉。旱栽,每亩产量1 800千克,高产者可达2 400千克,生长期240天。主要分布在闽东北、福州地区及浙南温州一带,广东潮汕地区也有一定的种植面积。

3. 人头芋

地方品种,产自四川泸州、南充、彭州等地。魁芋类。株高1.5米左右,分株力强,母芋呈长筒形,球茎大,单个母芋重1.5~2.5千克。子芋较小、较少、带柄。芋头表皮深褐,肉质灰白色,质面、味浓、品质优。全生长期240天,中晚熟,每亩产量4 500千克。

4. 南平金沙芋

地方品种,产自福建省南平市。魁芋类。晚熟。株高约120厘米,叶柄乌绿色,芽淡红色,芋肉白色,分蘖性强。母芋圆柱形,重约0.5千克,单株子芋5~8个,近圆柱形,平均单个重83克,孙芋细长,单株孙芋8~12个,平均单个重28克。每亩产量2 500~3 000千克。

(三) 多头芋

1. 狗蹄芋

地方品种,产自福建漳州。多头芋类。株高127厘米,株型紧凑。叶片卵形,长35厘米,宽25厘米,绿色,叶柄浅绿色。母芋长圆形,芽白色,有棕褐色纤毛和鳞片。子芋与母芋紧密相连,单株球茎重1.5千克。8月中旬至10月下旬均可上市,每亩产量2 000千克左右。

2. 莲花芋

地方品种,产自四川省宜宾地区。多头芋。

株高90厘米左右，芋球茎扁平状，母芋、子芋连结成块，芽红色，外皮红褐色，单株产量约1.5千克，球茎肉质致密，水分少，淀粉多，香味浓。旱栽，每亩产量1 000~1 500千克。

（四）花用芋

普洱红禾花芋

地方品种，产自云南普洱。滇南芋。主要食用花柄与叶柄，叶箭形，叶柄紫红色。叶正面绿色，背面粉红色。叶柄肉质，上端细，下部宽，呈鞘状。根系发达。母芋球形，子芋少而小。每花序可产生3~4根花茎，每株可抽生花序5~9根，花序肥嫩，紫红色。5~8月可陆续采收花柄，每亩产花柄300~500千克。

第五讲
芋头栽培及轮作技术

一、栽培技术

(一) 多子芋栽培技术

1. 旱地栽培

(1) 整地与施肥

芋头生产状况与土壤条件极为密切,为获得高产优质的产品,以选择土层深厚、疏松透气、排水良好、保水力强、富含有机质的壤土或黏土为宜。芋头忌连作,一般应实行三年以上的轮作,但不能与马铃薯、姜等需钾多且易发生地下害虫的作物轮作。花生地是芋头的好前茬。对于无法倒茬的重茬地,实施冬前深耕、增施有机肥和磷钾肥、杀虫灭菌、增强植株抗性,以减轻重茬的危害。

芋头根系分布较深,多子芋的土壤耕作层以26～30厘米为宜。冬前适当深耕,定植前一周左右再耕一次,耙平后按行距开好定植沟。以有机肥为主,配施磷钾肥。有机肥可用腐熟的堆肥、厩肥、饼肥、禽肥、草木灰等,每亩施2 000～2 500千克,另施过磷酸钙30～40千克、硫酸钾20～30千克。

(2) 品种选择

根据品种特性选择适合当地的优质、高产、商品性好的品种,高海拔或纬度高的地区应选择早熟品种,如莱阳8520、鄂芋1号、乌秆枪等,低海拔或纬度低的地区光照充足,供选择的品种较多,可根据实际生产需要进行选择,如鄂芋2号、金华红芽芋、南平金沙芋等品种。

(3) 种苗准备

① 母芋作种:多子芋的母芋品质和食味性较差,往往多作为饲料,很少食用。试验表明,多子芋的母芋作种,可以达到与子芋、孙芋作种

同样的效果。采用母芋作种芋不但节约了种芋,而且减少了母芋的浪费,节约成本。选母芋作种,要注意选择顶芽壮实、无病斑、无破损的母芋。

母芋作种有两种方式,即切块作种与整芋作种。

母芋较大者可采用整芋作种,母芋小者采用不切块作种。母芋播种前需晒种1~2天,有利于促进芋芽萌发,在处理种芋时,可将种芋上的毛剥除,使种芋播后容易吸收水分,促进生根发芽。采用整芋作种芋时,尽量抹去母芋上的腋芽,出苗后要及时除去弱芽,留一株壮芽。

母芋切块作种可根据母芋大小切成2~6块不等,切块时用快刀沿顶芽中心切,刀先用石灰或草木灰、多菌灵稀释液消毒,每块大小以25~50克为宜,最小的应在20克左右,每个切块至少保留1~2个芽眼,切块也用多菌灵或草木灰消毒。消毒后放在水泥地上晒1~2小时,待切口物质凝固，就可播种。

②子芋作种：子芋生长发育良好，内部积累的营养物质丰富，出苗率高，发芽势强，常作直播用种，作为移栽育苗用种则更有利于培育壮苗。育苗应选择符合品种特征、顶芽健壮、无病、虫、伤害斑的完整子芋作种，种芋大小以25~40克为宜，最小也应在20克左右，种芋不宜过小。若种芋出窖时顶芽已萌生很长，新根已经发生的子芋不能作种，因这种芋头播种后长势弱，易早衰，不易丰产。播种前晒2~3天，剥除枯鞘，促进养分转化，有利于发芽生长。白头、露青、长柄子芋不宜作种。白头是指顶端无鳞片毛的球茎，此芋生长期短，若自然条件适宜，还能继续生长，也就是说，发育不成熟；露青有两种，一种是顶芽已长出叶片的芽，另一种是虽然没有长出叶片，但因培土浅，子芋露出地面生长，此芋一般顶端凹陷，贮存营养少，水分含量高，顶芽不发达；长柄子芋一般是着生于母芋基部的子芋，这种芋一般有孙芋，并且有一部

分根，不生根的根迹发育不完整，痕迹只要生出根就不会再生第二次根，所以用长柄球茎作种，根系不发达。用以上这些芋作种，营养物质不充实，难形成壮苗，影响产量。

(4) 育苗

旱芋可直播，也可根据实际需要提前 20～30 天催芽或育苗移栽，加温苗床、保温苗床或向阳背风且排水良好的露地盖以塑料薄膜，保持 20～25 ℃的温度及适当的湿度，即可用来催芽或育苗。苗床底土应压实。苗床上铺土厚度以能播稳种芋为度。种芋排放的密度以 10 厘米左右见方为宜。再用堆肥或细土盖没种芋，然后喷水，保持种层湿润，盖上塑料薄膜即可，气温较低的地区可加盖小拱棚。晴好天气白天揭膜通风，夜间盖严。随时注意床内温度，谨防床内温度过高引起烧苗。

(5) 定植

① 移栽或直播时间：采用育苗移栽时，芋苗 2～3 片叶，高 15～20 厘米。地温稳定在

第五讲 芋头栽培及轮作技术

12℃时,断霜前5~7天移栽,苗龄30~40天,定植时最好选阴天,或者晴天的下午4时以后,栽后浇透水,第二天再复浇一次水,促使早成活。栽前芋苗要加强锻炼,以适应大田生长气候。

采用直播方式时,一般在保证出苗之后不受霜冻的条件下,播种越早越好。清明前后,长江中下游地区平均气温回升到10℃以上,以后渐增,这样的温度播种后即可萌发。以长江中下游为例,一般在春分后,3月底播种,40~50天出苗,幼苗出土后就不会遭受冻害。如延迟播种,营养期缩短,不能形成丰产架子,将会严重影响芋头的产量和品质。而适时早播有利于提高芋头的产量和品质,一般华中地区芋头的适宜播期在3月底至4月初,华北在4月中下旬播种。播种时温度低先长根,芋头的根系在8℃左右即可生长;温度高先长芽或根芽同长。生产上适期早播,可多长根,延长营养生长期,根壮苗早发,有利高产。

② 种植方式：露地开沟栽培，按 70～80 厘米行距开沟，沟深 20 厘米。在沟底施有机肥及三元复合肥，并与土壤混匀。按 30 厘米的株距播种，覆土深度以覆盖芋芽 2 厘米土层为宜，生长季节分期培土。

开沟覆膜栽培，开宽 50 厘米、深 20 厘米的沟，并做成宽 80 厘米的垄。在垄两边各栽 1 行芋头，株距 30 厘米，覆土深度以覆盖芋芽 2 厘米土层为宜。最后跨垄覆盖地膜。当株高 50 厘米、气温升高时，及时揭膜培土，防止烧苗和青芋形成。

起垄覆膜栽培，按 80 厘米行距开沟，沟深 20 厘米，在沟底施有机肥及化肥，并与土壤混匀，按 30 厘米的株距，芋种上培土成垄，垄高 15 厘米。每亩用乙草胺 20 毫升兑水 60 千克喷雾，覆膜。出苗后，在苗周围盖土压膜，防止透风跑墒。生长季节不再破垄培土。

打孔覆膜栽培，先起垄，垄高 25 厘米，垄距 70 厘米。用直径 5 厘米左右的木棒在垄上按

30厘米的株距打深20厘米的孔,然后将种芋芽向上轻轻放入孔内,最后覆盖地膜,生长季节不再破垄培土。

大棚芋栽培,可于1月中下旬播种,每亩播3 600穴,大小行(双行)栽培。大行行距70厘米,小行行距40厘米,穴距30~40厘米。因为早春气温较低,要闭棚保温,促进芋苗生长,如田间湿度较大,选择晴天开棚通风散湿。4月中旬以后气温逐渐升高,注意揭膜通风,防止高温烧苗,白天棚内温度保持在25~30 ℃,夜间保持18~22 ℃,棚内温度超高35 ℃应及时揭膜。

(6) 田间管理

① 水分管理:生长过程中维持土壤湿润即可,在生长盛期及球茎膨大盛期需充足水分,若气候干旱,需勤灌溉。可从畦沟引水灌溉,每次灌水应距畦面7~10厘米,保持土壤湿润,至沟中快干时再灌。灌水时间宜在早晚进行,高温季节切忌中午灌水,以免土温骤降影响根的吸收作用,造成叶片枯萎。

② 中耕培土：培土能抑制顶芽抽生，使芋球茎充分肥大，并产生大量不定根，增进抗旱能力，也可调节温湿度。一般6月地上部迅速生长，母芋迅速膨大，子芋和孙芋开始形成时开始培土。一般培土3次左右，每隔20天左右培土一次，结合中耕除草追肥进行，培土厚度逐次增加，最后一次可培高土，厚度15～20厘米。每次培土应四周均匀。多子芋培土宜顺手抹除侧芽，然后培土掩埋。

③ 追肥：在播种后1～2片真叶、株高15～20厘米时追施，每亩用人粪尿500～600千克，加水700～800千克，对匀后浇施，或每亩施尿素20千克。当株高50厘米、具有3～4片叶时，进行第二次中耕，每亩用饼肥50千克、复合肥25千克。封行前进行第三次追肥，每亩施复合肥25千克，并加施钾肥。7月底以前追肥必须施完，中后期应控制肥水。

(7) 采收

芋叶变黄衰败是球茎成熟的象征，此时采

收淀粉含量高,食味好,产量高。但为了提早供应可提前收获。对于冬季气温较高的地区,芋成熟后可留在土中,在霜降前培土一次,可安全越冬,延迟供应到第二年4月。长江以南早熟种能在8月前开始采收,晚熟种在10月采收。采收最好选在晴天,以便晾干芋球茎表面水分,同时对于晚收者可防止冻害。作商品芋采收时,将母芋和子芋分开,尽量保证子、孙连结不分开,减少伤口;作种芋采收时,最好整株带土采收。

2. 水田栽培

(1) 土壤准备

芋适宜旱栽,有些地区也实行水栽。水田栽培宜选择保水保肥力强、土层深厚、有机质丰富的壤土或黏壤土。栽培前,大田耕翻2~3次,深20厘米,每亩施入腐熟粪肥2 000~2 500千克、复合肥50千克、硫酸钾20~30千克,施后耙平,对改进土壤团粒结构、提高保水力和透气性具有良好作用。大田保持5厘米左右水层,以备定植。

(2) 品种选择

选择适合水田栽培的优良地方品种,如绩溪水芋、社坛芋、汉阳红禾、汉阳白禾等。

(3) 育苗

采用水田栽培必须先育苗。选择背风向阳、排水良好的露地育苗,有条件的可在塑料小拱棚或大棚设施内育苗。浇足底水,将种芋根部朝下平放于畦面,再盖4厘米厚营养土,随即浇水,使之湿润,覆盖薄膜,种芋排到苗床后,每隔2~3天浇水一次,如遇阴雨天气可不浇水。设施内温度20~25℃为宜,稳定高于23℃时揭膜通风。1~2片真叶时移栽定植。

(4) 定植

为了便于培土及管理,定植方式宜用宽行距窄株距,即行距1.0米,株距0.5米,每亩栽2 000~3 000株,施基肥后,灌水3~6厘米深,不作畦,不开穴,按预定距离将种芋插入水中3厘米即可,使苗稳定土中,栽后抹平泥土,以利成活,从速发根。

(5) 田间管理

① 水位管理:芋头水栽时的水位管理按"浅—深—浅"原则,即在定植后保持浅水层2~3厘米,防止浮苗,利于扎根。经10天左右,待苗成活后,可将田水放干晒田1~2天,待田土略有麻丝状细裂缝即可,可增加土壤透气性,增温,促进根系生长。以后随植株生长而逐渐加深水层至3~5厘米,施肥培土后水层加深至5~7厘米,7~8月高温季节注意加深水层至10~15厘米,以利降温。经常换水,尤以早晨灌水为佳。随气温下降再逐步降低到2~3厘米的浅水,以利球茎生长。采收前提前15~20天放干田水。

② 追肥:芋在施足基肥的基础上仍须分次追肥。一般在育苗移栽芋田幼苗活棵后,于早上或傍晚施一次稀人粪尿,每亩1000千克左右,或撒施尿素5~8千克,以促进幼苗生长,根系深扎。定植后15~20天追施第二

次肥料,用量与第一次相等或稍多一点。第三次施肥在封行前后,此时生长进入最盛时期,需肥量最大,应重施追肥,沿栽植行每亩施人粪尿1 500~2 000千克、硫酸钾20~30千克,追肥后壅土。如人粪尿不足,可用硫酸铵、尿素等氮肥代替。假如基肥中缓效性肥料多,此时植株生长苗壮,叶色浓绿,没有缺肥现象,则第三次追肥也可少施或不施。追肥必须在7月底前施完,若追肥过迟,反而会引起疯长,不利于结球。

③ 中耕培土:为阻止新芽抽出叶片或露出土面变长变绿,降低品质,消耗养分,可进行中耕培土,还能促进不定根发生,提高抗旱能力,抑制顶芽生长,在较低温度和湿润的环境中有利于球茎发育肥大。芋苗在大田栽插后,每隔半月除草一次,共进行3~4次。在7月底以前,球茎开始形成,此时把行间泥土分次壅向植株根旁,土高9~12厘米,成垄或墩,促使球茎膨大,防止子芋分蘖,不让子芋出苗,使养分集中

球茎，以利高产。

(6) 采收

芋叶变黄、根系枯萎是球茎成熟的标志，此时可将水排干，选晴天逐棵挖起，除掉根部泥土、叶柄及根须，将母芋和子芋分开，铺开晾晒至球茎略干燥，即可贮藏。

(二) 魁芋栽培技术

魁芋以食用母芋为主，子芋留作种芋，部分亦可食用。其中母芋肉质具有紫红色花纹的品种类型，称为槟榔芋，因其香味浓郁、粉甜可口、营养丰富而深得消费者喜爱。根据魁芋种植的生态环境特点及采用的栽培技术措施不同，魁芋栽培方式分为旱地栽培、水田栽培、水旱栽培（前期按水田栽培方式，中后期按旱地栽培方式）三种。另外，槟榔芋原本是一种南方蔬菜，传统产区在华南沿海地区，目前引种实践中可将槟榔芋从纬度较低的华南沿海地区向纬度较高的长江中下游地区及其以北地区引种栽培。

1. 旱地栽培

(1) 整地和施基肥

① 选择水源充足、排灌方便、无污染、前茬不是芋或薯类作物、土层深厚、土质疏松、有机质丰富、保水肥能力强的壤土或沙壤土田块作为商品芋栽培田,种芋繁殖田不能选在病区。

② 提前整地晒土,经两犁一耙,深耕(30厘米左右)细作,并根据选择的种植密度进行起畦,一般商品芋生产栽培推荐采用厢畦面宽0.8~1.0米,沟行宽1.0~1.1米单畦双行种植,也可采用行距1.0~1.2米单畦单行种植。

③ 施足基肥,在整地时结合犁耙,每亩施益生菌肥(含量5亿/克)1千克、高磷钾缓释滴灌肥20千克、14%硼肥0.5千克、微必补(中微量元素肥料)10千克、硫酸钾水溶缓释复合肥25千克、硫酸钾复合肥25千克、过磷酸钙25千克、联苯噻虫胺4千克、茶麸50千克、豆麸50千克;开种植沟(穴)时,每株施放0.5~1.0千克沤制好的农家肥每亩1 000~2 000千克,

并与沟（穴）土混均，再盖上3厘米左右厚的碎土，待种。

（2）品种选择

根据当地消费习惯，选择商品性好、产量高的品种，如荔浦芋、福鼎芋、奉化大芋艿等。

（3）种芋选择及标准

选无病虫霉烂、个体饱满的优良品种做种芋，组培苗H_1代种芋40～60个/千克，每亩用种30～50千克；一般生产种芋20～30个/千克，每亩用种75～100千克。建议采用脱毒种芋做种。

（4）种芋催芽

在种植前20～30天进行催芽。催芽前用50%多菌灵可湿性粉剂或75%百菌清可湿性粉剂、72%农用链霉素等杀菌剂1 500倍液，加90%敌百虫晶体（最终浓度800倍）或10%吡虫啉（最终浓度1 500倍），浸种30分钟，按每平方米5千克的量将种芋排于苗床上，覆细土或河沙3厘米，苗床淋透水后覆盖薄膜，以保温保湿促进萌发,在芽刚露出1~2厘米时种植。

(5)适时种植与合理密植

一般在春季种植。通常气温回暖稳定在15℃以上,广西桂北地区、福建种植区于2月中下旬至3月上旬,广西南部、广东、云南于2月上旬,湖南衡阳以南于4月上旬定植,长江中下游及以北地区在4月中旬种植;一般推荐每亩种植1 800~2 300株,采用地膜覆盖种植,先种种芋后盖膜;种植前7天喷施一次95%精异丙甲草胺乳油(有效成分每亩50~80毫升)除草剂,最好能用30%恶霉灵1 000倍液配成消毒液,每亩150~250千克均匀淋施于畦面,进行土壤消毒。广东部分地区有起高垄(50厘米)打深穴(25厘米)种植大芋头的习惯,每亩种植500~600株,行距1.8米,株距62~74厘米,每亩产量1 350千克,单个母芋重3千克左右,最重7千克以上,形如炮弹,又称"炮弹芋",成为节日喜庆送礼佳品。

定植时,将种芋芽略朝下倾斜约45°角摆放好,覆盖3厘米左右细土,并淋足定根水,覆盖地膜,当芽顶起地膜时,开直径约15厘米的孔,让苗露出。采用黑色地膜覆盖栽培,可提高土壤温度,促进芋苗早生快长,还可保湿保肥、抑制杂草生长,有利于改善生长环境,减少病害发生,减少人工及农药化肥使用量,即降低种植成本。

(6)大田管理

① 水肥管理:提倡土壤营养诊断平衡配方施肥。一般地膜栽培主要以基肥为主,幼苗期(3~4月)每月每亩淋施腐熟农家粪水或0.3%~0.4%复合肥液约500千克;快长期(5~7月)每月每亩在植株间结合掀膜施复合肥25~30千克,覆土;膨大期(8~9月),8月初每亩施硫酸钾复合肥25~30千克,8月底每亩追施硫酸钾肥15~20千克。施肥原则是,根据苗的长势确定施肥次数和施肥量;基肥充足、苗长势旺盛,可少施肥或不施肥,以防苗徒长,影响产量;在快长期掀膜施肥时最好能结合挖沟泥进行

1~2次培土（注意避免伤根系），淀粉积累期（9~10月）一般不需施氮肥，可视生长情况施钾肥或喷叶面肥。

芋在生长过程中需要充足的水分供应，但也怕水淹，因此要做好防旱防涝工作，一般前期以浇淋润畦或灌浅水为主，在3~4月要一直保持土壤湿润，5~8月厢沟应有7~8厘米水层（水面保持距畦面18厘米），以防高温危害叶片，特别在芋头膨胀期8~9月土壤不能干旱，以确保芋头正常发育与增重，收获前20天排水晒田。有条件的地方最好采用膜下水肥一体化滴灌栽培技术，既可省水省肥降低成本，又可防止病原菌随水串灌，造成病害扩散而增加农药费用，有利于优质、高产、高效。

②及时除侧芽和割除枯叶：芋植株长到7~8片叶时开始出现分蘖，在分蘖长至一叶一心时用小刀或竹片将分蘖的生长点铲除，注意不要伤及母芋和根系，这样可避免子芋与母芋争夺养分而影响母芋的生长发育和增重。若需留种芋，则

少除或不除侧芽。当叶片衰老或枯萎时,要及时割除清理。

③ 控制徒长:5~6月芋植株进入旺盛生长期,为了防止植株过分徒长、消耗养分,可调节植株株型,保证田间合理的通透性,减少病害发生机会,提高光合作用速率,促进球茎发育,可根据植株长势在6月上旬(植株1米左右高时)每亩用0.2~0.3千克(对水500千克)多效唑溶液灌根。若植株长势过旺,可在淋施后20天再淋或喷叶一次(每亩80~100克),一般株高控制在1~1.3米为宜。

(7) 适时采收

一般在2月底至3月初种植,11月可采收,如果想看市场行情待价而售,最迟可留至12月霜冻前收获。种芋可在收母芋时一起收存待用,也可留至翌年开春种植前采收。

2. 水田栽培

(1) 选地

选择水源充足、无污染,排灌方便,土壤有

机质含量丰富,保水保肥能力强,前茬不是芋薯类作物的壤土或黏壤土,pH5.5~7.0的水田、低洼地或水沟边地块,并在种植前1~2个月深犁翻地晒土。犁地时可每亩撒生石灰100千克,进行土壤消毒和改善土壤理化环境条件。

(2) 选种及育苗

必须根据品种特性,选择适合当地的高产优质品种,高海拔或纬度高的地区应选择早熟品种,以保证芋植株充分生长所需的有效积温和时间。种芋要求形态饱满一致、无畸形、无病虫害,大小为50克左右,每亩种植1 500~2 500株,需芋种75~125千克。

在确定种植期后,提前1~2个月进行催芽育苗,通常先将种芋晾晒2~3天,用50%多菌灵可湿性粉剂800倍或75%农用链霉素2 000~3 000倍液浸泡0.5~1小时,然后将种芋芽朝上按2厘米间距排在苗床上,覆盖河沙或细土,淋透水后搭小拱棚(如在大棚内育苗,则直接盖地膜)盖薄膜,进行保温保湿育苗,当芽萌发露出

3~5厘米时揭地膜,视情况用0.3%复合肥液浇淋,促进种苗健壮生长,当种苗生长至15厘米左右、拥有2片叶时即可揭拱膜(大棚膜)炼苗,待移植。部分无霜冻或轻霜冻地区,种芋可直接留在地里,待来年开春气温适宜时挖出,经杀菌剂处理后移栽入大田。

(3)整地及施基肥

定植前两天结合施基肥,每亩撒施1 500~2 500千克腐熟农家肥、50千克过磷酸钙、硫酸钾复合肥50千克、茶麸50千克,或腐熟豆麸300千克、高磷钾缓释滴灌肥20千克、14%硼肥0.5千克、微必补(中微量元素肥料)10千克、硫酸钾水溶缓释复合肥25千克、过磷酸钙25千克、茶麸50千克,经两犁两耙,使田地平整,保持3~4厘米水层待种。

(4)定植

当气温稳定在15℃以上时,即华南地区2月初至3月底,湖南南部及其他宜植地区4月上旬定植,采用株距30~40厘米,双行(行宽

70~80厘米,每双行间距120厘米,每亩1 800~2 300株)或单行种植(行距100~110厘米,每亩1 600~2 000株);定植时田里保持2~3厘米水层,将苗根朝下竖直种入泥3~5厘米(以刚好埋过种球为准),用泥浆将苗固稳扶直。

(5)水肥管理

① 水分管理:定植后田间保持2~3厘米浅水层,5~7天后让水自然落干,晒田2~3天,以提高土温,促进根系发育和植株生长;当土壤表面出现轻微裂纹,即可灌浅水保持7天,如此再进行干湿管理1~2次,以后保持5~7厘米水层直到高温季节(7~8月)才将水层加深到10~15厘米;秋季气温下降,可降低水层至2~3厘米,球茎膨大期和成熟期不能干旱,否则将影响产量和品质。

② 施肥管理:苗定植后7天晒田灌水前,施一次促苗回青肥,每亩用腐熟粪水或腐熟麸粪水500千克或复合肥(28—7—11)10千克;此

后每隔20天追肥一次,每次每亩用10千克复合肥;6~8月每月追肥一次,每次每亩用25千克复合肥、15~20千克硫酸钾;9月以后不施肥,以防徒长,如果植株叶片出现早衰,可喷些叶面肥以延缓衰老。

③ 及时除蘖和清理枯叶:植株长出5~6片叶就出现分蘖,当分蘖长至一心一叶时要及时用窄刀或竹片将分蘖铲除。除蘖前应先将田水放干,除蘖后待切口稍干即喷(切口及附近土壤)75%农用链霉素2 000倍药液,防止病菌感染,待伤口药液吸干即可灌水入田;植株生长至1米高左右时可根据需要适当留芽作种。此外,植株生长期间发现有病烂和衰老枯叶或枯萎病株,要及时割除或挖除,并清理到安全(非芋植区)地方销毁。

(6) 适时采收

10~11月当叶片枯黄球茎成熟时,提前15天左右排干田水,即可采收,也可根据市场需求留到霜冻前采收,部分无霜冻地区还可留至翌年春节前收获。

3. 水旱两段式栽培

在广西、广东、海南等部分地区，有采用前期水栽和中后期旱栽的两段栽培方式。一般在3～4月初定植，然后按水芋栽培方式进行浅水管理；5月底至6月初结合追肥逐次培土起畦，按旱芋中后期田间管理，10月至霜冻前收芋。由于前期采取水培，有利于控制杂草生长，减少害虫的危害，降低了生产成本；中后期芋植株进入旺盛生长期，采用起畦保湿栽培，有利于提高土温，促进植株及球茎生长发育，获得优质高产。

4. 槟榔芋北移栽培

（1）适当早播

槟榔芋的生长期较长，应适当早播，以弥补北移栽培中生长期偏短的不足；由于不耐霜冻，播种期应以出苗后不受霜冻为前提，保护地栽培可提早15～20天播种。

（2）适当密植

南方气温高，每亩种植1 200株左右，芋单个重量最高可达 6 千克，北移后单个芋头重量一般为 1~2 千克，可以适当提高单位面积株数来提高产量，每亩种植 1 500~2 200 株。

(3) 加强田间管理

槟榔芋北移栽培，田间肥水管理和病虫防治与槟榔芋常规栽培技术基本一致，但要注意结合引种目的地的实际情况，尤其是 6~8 月高温季节要加强田间水分管理，做到田间畦沟潮湿，最好保存少量明水。

(4) 搞好越冬贮藏

北方气温较低，无论是存贮销售或留种自用，都要做好防冻措施。可采用地窖贮藏或背风的墙角挖坑贮藏等方式。

(三) 多头芋栽培技术

1. 土壤选择

选择阳光充足、排灌条件好、富含有机质、土层深厚肥沃的沙质壤土田块。

2. 品种选择

选择抗病、优质、高产、商品性好，符合目

标市场消费习惯的优良品种,如狗蹄芋、莲花芋等。

3. 种芋选择

选用球茎粗壮饱满、无病虫害、形状完整的芋作种,切块重60~80克,每个切块上有1~2个充实芽眼。切好的芋块用多菌灵溶液浸泡5分钟或切面蘸草木灰,然后放阴凉通风处,待10~20小时后即可播种。

4. 催芽育苗

选择背风向阳的空地做苗床,底土要紧,先铺一层松土,厚度以能插稳种芋为度。整平后即可排种。春分前后将种芋密排于苗床,用细土将芋种盖没,上面泼浇一层粪渣,再覆盖一层稻草,保持土壤润湿,15天左右即可出芽。当幼苗长5~10厘米时即可移栽。保持苗床温度夜间不低于13℃,白天20~25℃,催芽期土壤不宜过湿。

5. 整地施肥

深翻30厘米以上,炕土,整细作厢。结合

整地每亩施腐熟有机肥 2 500~3 000 千克、过磷酸钙 30~50 千克、硫酸钾 20 千克,作基肥。

6. 定植

气温稳定在 13 ℃以上时栽植,春提早栽培应采用地膜加小拱棚,幼苗出土后及时破膜引苗。株行距 0.35 米×0.75 米,每穴种植一个芽块的种芋,并置于穴深处,细土盖平压实,每亩栽植 2 000~2 500 株,用种量 120~150 千克。

7. 田间管理

(1) 肥水管理

施足基肥,勤施薄施前期肥,重施中期肥,少施或不施后期肥。基肥以有机肥为主,化肥为辅。追肥以氮钾肥为主,磷肥为辅。在幼苗第一片叶子展开时,育苗移栽的在栽植 7~10 天后,追一次提苗肥,每亩浇腐熟有机肥 1 000 千克加尿素 5 千克对水施入;7 月初,植株进入发棵期,追第二次肥,每亩用腐熟有机肥 1 500 千克加硫酸钾 10 千克对水施入。8 月上旬植株进入结芋期,地上部生长逐渐停止,球茎开始膨大,每亩用尿素5千克加硫酸钾10千克对水施入,保持土壤水分70%~80%,使球茎迅速膨大。多头芋整个生育期保持土壤湿润,遇干旱时及时浇水。

(2) 中耕培土

常规栽培时,多头芋一般进行两次中耕除草培土,小暑(发棵期)一次,大暑一次。大暑时结合第二次追肥进行,培土厚15~20厘米,使分生子芋不露出地面。春季提早栽培时,中耕培土时间应适当提前。

8. 采收

春提早栽培,应在7月中下旬采收;常规栽培,9月中下旬茎叶变黄到翌年3月都可采收。冬季有冻害的地区,春后收获时要加盖泥土或稻草。采收后应及时清洁田园,将病残叶、杂草、农地膜等清理干净,集中进行无害化处理。

(四) 花柄用芋栽培技术

花柄用芋属滇南芋种,在我国云南等西南和

第五讲 芋头栽培及轮作技术

南部地区有一定种植面积,为当地特产时鲜蔬菜,营养价值和经济价值都较高。以采收花茎为主要栽培目的,正常花期为7月至8月,一般亩产芋花柄800~1 000千克。

1. 土壤准备

芋忌连作,连作芋生长势弱,植株矮小,枯萎病发生严重,抽生的花柄短,花苞瘦小,商品性差,产量低,影响种植效益,应选择至少三年内未种过芋类的地块。前作收获后及时深翻晒垡,熟化土壤。定植前充分碎垡,土地整平后开沟理垄,垄面宽2~2.5米,沟宽25~30厘米,深20~30厘米。结合整地每亩用腐熟农家肥2 000~3 000千克作全层施肥,播种时用普钙80~100千克、三元复合肥50千克、硼砂1~2千克作种肥,沟施在两穴之间。

2. 种苗准备

选择具备生长稳健、花期早、花芽芽眼多的花柄用芋品种,如普洱红禾花芋、花头芋等,从无病田块中挑选母芋留种,于10月中下旬挖出芋球抖掉泥土，把母芋和子芋分离，并切除上年残存的种芋，挑选圆正饱满、无病斑、无虫口、单球重 200 克左右的母芋作种。留近顶芽 5 厘米处的心叶，其余的割除，拔掉须根，晾干后集中堆放在阴凉、通风、干燥的地方保存。定期翻晒芋种，及时剔除烂芋。播种前将种芋抹去侧芽，确保养分集中供主芽长成健壮新株，多抽花茎。播种当天用功夫 3 000 倍液加敌克松 1 000 倍液浸种 30～60 秒，进行种芋消毒。

3. 播种

根据各地气候条件，于 3 月上中旬的晴天，按 90 厘米行距开种植沟（深 20 厘米），40 厘米株距下种，每穴 1～2 球。在种植沟底埋种，头部芽眼倾斜向下，覆土 5～10 厘米，浇透水加盖地膜。每亩用种（母芋）300～500 千克。

4. 田间管理

（1）水分管理

芋喜湿怕旱，整个生育期要保持土壤湿润，出苗后保持见干见湿，7～10 天浇一次水，抽薹现蕾后保持土壤湿润,根据墒情 5~7 天浇一次水。土壤水分适宜的植株形态特征为早晨叶尖挂水珠,白天不上卷。灌水应选阴天或早晚,忌中午高温灌水。

(2) 追肥

花柄用芋需肥量大,除施足底肥外,展叶后每亩施尿素 10~15 千克、过磷酸钙 15~20 千克,混合均匀后对水浇施作提苗肥,促进根系生长和换头;3~4 叶期施球茎膨大肥,结合培土每亩施尿素 10 千克、三元复合肥 15 千克,使换头后的母芋充分膨大,积累足够的营养满足花芽分化;6~7 叶期施催花肥,结合提沟培土,每亩施三元复合肥 25 千克、钾肥 10 千克,此期肥料不足,抽出的芋花梗短、色紫、品质低劣,母芋生长不良,养分积累较少,影响来年种芋的质量;初花后每隔 10~20 天,每亩用尿素 10~20 千克加钾肥 5~10 千克,穴施后及时浇水,并用磷酸二氢钾叶面喷施,7~10 天喷一次。

5. 采收

当花梗抽出足够长度花苞待开放时及时采收，一般始花期和末期2~3天采一次，盛花期一天一次。采收过早影响产量，采收过晚花苞开放后色泽转淡，品质变差，影响商品性。采收于下午进行，将芋花沿叶柄（芋花与叶柄呈90°左右夹角）的方向往外扳下，然后捏住花梗基部轻轻拔起，尽量不要损伤叶片。最后按花梗长短和花苞大小分别扎把，4~5枝扎成一把，使花苞相齐，扎好后放置在背风阴凉处，防止芋花失水，影响商品外观。上市前用利刀截掉花梗基部，使其长短整齐一致，短时间内刀口不会发黑，色泽新鲜美观。

6. 留种

在地下水位低、冬季气温高、霜冻小的地方，可任其在地里越冬，来年栽种前半月浇透水，促使发芽，栽植时再挖出。如地下水高或不留种的地块可于10中下旬挖起上市或贮藏留种。

(五)芋芽栽培技术

多子芋子芋品质好,母芋品质差,在采收、包装时母芋要全部剔除。由于母芋个头大,每亩种植 1 000 千克左右的母芋,这些母芋除少量用作饲料、加工芋头丝外,大部分没有得到利用而遭废弃。近年来,四川、湖北等地尝试用母芋培育芋芽菜,取得了初步成功,1 千克母芋通过培育,可产芋芽 0.6 千克,每平方米苗床可产芋芽 30 千克。

1. 种植时间

9~12 月和翌年 3~4 月均可种植,11 月至翌年 6 月收获上市。

2. 苗床选择

宜选择背风向阳、土质疏松、肥沃、地势较高、排灌条件良好、交通便利的地块,有条件的最好搭棚种植,有利于在低温季节缩短生产周期,改善生产条件。

3. 苗床准备

先将地块按畦宽 1.2 米、沟宽 0.4 米左右进行分畦并拉线,先除尽杂草,然后将苗床(畦内)耕作层土壤清到两边,清平后施入适量腐熟有机肥或少量复合肥,并回填3厘米左右土层,待种。

4. 选种

选择个头较大、无病、完好的母芋作种芋,一般选单个质量200~250克的母芋为好,母芋越大,芋芽越粗壮。下部有部分腐烂的母芋,应将病部切除,然后蘸草木灰以利伤口愈合。母芋上的芋毛可保留,既节约了劳力又可保湿。

5. 摆种

为节省苗床,可双层摆放。摆放母芋时先将大的放下层,稍小的交错放上层,母芋之间紧密排列,芋芽朝上,摆好后先撒少量细土,后浇适量水,以填充母芋之间的空隙,并使底层土壤保持适宜湿度,促使母芋发芽整齐。

6. 覆盖

生产芋芽,覆盖是一个很重要的环节,直接关系到芋芽的产量和品质。摆种、浇水后需覆疏松细土30厘米厚,覆盖过浅,芋芽短产量不高,覆盖过厚不利壮芽。覆土后在畦面上盖稻草或茅草,厚度40厘米左右,防止芽出土后变绿变老而失去食用价值。在5%左右芽长出时进行第二次覆土。先掀去覆盖物,将部分早出土的芽折断,以利齐芽,再覆土30厘米左右厚,覆盖稻草等。冬季最好覆盖塑料薄膜增温保暖。

7. 田间管理

(1) 开沟排水

种后要开好畦沟和四周排水沟,防止长时间积水。

(2) 温度管理

母芋在13~15℃可开始发芽,22~28℃较为适宜,要根据种植期间实际气温、土温情况加以调节,及时做好保暖防冻或通风降温工作。

(3) 水分管理

多子芋类型喜湿怕干,但不耐淹,在管理上应在做好开沟排水的基础上,土壤过干时及时浇水或灌半沟跑马水。

8. 采收上市

当芋芽长到 50~80 厘米即可采收上市,具体可根据市场价格及劳动力情况灵活掌握。收获时轻拿轻放,防止断芽及破损;采收时及采收后要特别注意做好遮光、保湿措施,避免长时间强光照射导致芋芽变绿而失去食用价值。芋芽与母芋分离时保留部分母芋,采收后及时洗净出售。

(六)留种与贮藏

1. 留种

留种田块在采收前应及早下田检查,挖除不符合所栽品种特征的杂株,如株型不同、叶柄色泽不同的都是杂株,同时挖除生长不良的劣株,保留纯正、健康的植株,到球茎充分成熟时挖起,将子、母芋分开,选取符合所栽品种特征的较大子芋留种,淘汰顶部发白、没有充分成熟、顶部发育、露出地面、过小的子芋。摊晒半天待表面干燥后,即可收藏。为了精选良种,最好进行株选,即将各株挖起后放置原处不动,然后逐株挑选,选择一部分优良单株作原种。选子、母芋形态都符合所栽品种典型特征,子芋较大、较多,又比较均匀,且无先期萌蘖的子芋留作原种,供下年繁殖良种,其余较好的子芋留作生产用种,供下年生产大田用种,分开贮藏,实行二级留种。

2. 贮藏

芋安全贮藏的适宜温度为6~10℃,空气相对湿度为80%~85%。安全贮藏的方法有以下几种:

(1) 室内挂藏

将采收后的芋球茎晾晒两天左右,晾干球茎表面水分,后用网袋装起后挂藏于室内;若整株留种,没有网袋时也可用草绳捆绑挂藏,并注意经常通风。

(2) 室外堆藏

选择背风向阳、地势高燥、排水良好的墙边,将挖取的整株球茎逐层堆放,高度一般不超过150厘米,堆放好后上面盖一层秸秆,在秸秆上盖一层薄膜,冬季气温较低时可增加秸秆厚度。堆藏过程中每隔20~30天抽样检查堆内贮藏情况,以防堆内温度过高引起霉烂。

(3) 窖藏

选择地势较高、排水良好、避风向阳的地方挖窖,窖深1米,宽1~1.5米,长2~3米。立冬前后入窖。入窖前,窖内先撒些硫黄粉消毒。入窖时,底部用干燥的麦秸或稻草铺垫,随后将芋头放入窖内,堆高30厘米,堆顶呈弧形,在上面盖一层10厘米厚的麦秸或稻草,然后盖土约50厘米,拍打结实,呈馒头状,防渗水。每窖可贮藏1 500~2 000千克。

(4) 田间培土贮藏

冬季气温较高的长江以南地区可采取田间就地培土贮藏。10月中旬清理厢沟,让芋田土渐干,10月底至11月上中旬培土15厘米左右即可。此方法简单易行,作种芋贮藏时,第二年春季可较早萌发。

二、轮作技术

(一) 间作套种
1. 芋头间作叶、花、茄果类蔬菜

(1) 芋间作蕹菜

广西桂林种植红芽芋多采用此法。一般宽厢双行高畦种植,厢宽1.2米,沟宽40厘米,沟深40厘米,在田块周围开好围沟,田块大的要开横沟,以利雨期排水,耕耙后起厢。种植前,在厢面中部种植行上开双行穴(厢面两旁留作套种蕹菜),芋头种植株距40厘米,行距50厘米,每亩种1 800~2 000株。2月下旬至3月上旬催芽后,当芽头似鸡嘴,根长1厘米时定植。抓住晴暖天气种完,定植后用火土灰或草皮灰盖种覆泥。播种后,每亩用透明地膜覆盖,平整厢面,用泥土压实薄膜周边。覆盖地膜后应注意检查,发现芽长出地面及时破膜,并用泥土压实膜口。蕹菜于2月上旬采用小拱棚地膜覆盖播种育苗,

3月下旬苗高15～20厘米时定植。穴距20厘米,每穴2～3株,种植在红芽芋厢面两侧,每厢2行,每亩种植4 000～4 200穴。蕹菜在株高25～30厘米时第一次采收,可采收多次,7月上中旬清茬,从根部拔出或铲除,晾晒2～3天后,结合红芽芋培土将蕹菜茎叶埋于芋厢。

(2) 芋间作花椰菜

福建省龙岩市种植红芽芋常采用此法。田块施足基肥后整成畦,畦带沟宽120厘米,畦面开成两排种植穴,深8～10厘米,株行距40厘米×60厘米。为了提早上市,采用地膜覆盖于每年的12月种植。每亩种植2 700～2 800株。芽朝上,种后盖堆肥或细土,厚度以盖没顶芽3厘米为宜,然后覆盖地膜。子芋出苗后及时破膜。花椰菜于12月上中旬播种育苗,苗龄35～45天定植,在芋两行中间将地膜挖小洞口,选择壮苗栽植,每亩套种1 100～1 200棵,4月下旬花椰菜全部收获结束,此期是红芽芋生长的5～6叶期,收获完成后进行红芽芋第一次追肥。

第五讲 芋头栽培及轮作技术

(3) 芋间作辣椒

广西、海南等地种植槟榔芋时多采用此法。槟榔芋也称荔浦芋头。11月中旬选用早熟辣椒品种,采用小拱棚保温育苗;翌年1月上旬芋头育苗。早春整地起畦,畦宽120厘米,两边种芋头,中间种两行辣椒,时间以2月底3月初为宜。芋的株距35厘米,行距110厘米,盖地膜,每亩2 000~2 200株。在芋的行中间按株距30厘米、行距35厘米定植辣椒苗,每亩3 000株,行距间均以梅花方式排列。套种的早辣椒在4月底5月初即可采收上市,5月底前采收完毕,收完辣椒后迅速清除辣椒植株,并培土施肥一次,以促进芋头后期生长。荔浦芋在霜降前后地下球茎充分膨大时即可采收上市。

(4) 芋间作生菜

生菜生育期短,收获期不严格,最适生长温度为15~20℃,华南地区种植多子芋一般可套种三茬生菜。以120厘米为一个种植组合,芋头实行宽窄行种植,宽行70厘米,窄行50厘米,于3月下旬直播或移栽于窄行内，按平均行距60厘米，株距35～50厘米，每亩栽2 200～3 200株。第一茬生菜在3月上旬采取双膜小拱棚育苗，4月上中旬移栽，在芋头大行内套栽2行生菜，小行内套栽1行生菜，按平均行距40厘米，株距25厘米，每亩栽6 500株左右，5月底以前采收完毕。第二茬生菜4月下旬露地育苗，5月下旬套栽，株行距同第一茬，每亩栽6 500株左右，6月中旬到7月上旬采收完毕。第三茬生菜8月上旬荫棚育苗，9月上中旬当芋头生长旺盛期过后在芋头大行内套种两行，株距25厘米，每亩栽4 400株左右，10月上中旬采收。第一茬生菜应选用耐低温、早熟品种；第二三茬应选用耐热性强、不易抽薹的品种。

2. 芋间作根茎类蔬菜

（1）芋间作大蒜

山东种植多子芋多采用此法。10月上中旬栽种大蒜，栽种程序：开沟—溜沟水—摆种—施种肥—覆土。行距18~20厘米,株距10厘米,每亩栽种3.4万~3.8万株,为了方便套种芋头,蒜地要每隔80~90厘米留宽25~30厘米的芋头套种行,栽完后覆盖地膜,蒜苗出土顶膜时及时破膜。5月上中旬开始收获蒜薹,拔蒜薹12~15天后即可刨蒜。芋头在5月上旬套种为宜,播种前15~20天放在温暖处采取沙(土)培催芽,待顶1~2厘米长时即可套种。行距80~90厘米,株距23~25厘米,沿套种行挖10~15厘米的穴下种,浅覆土5厘米,一般每亩栽3 000~3 500株。7~8月结合追肥多次中耕培土。蒜地套种芋头因生育期有所推迟,适当推迟芋头收获期,可10月中旬收获。

(2)芋间作马铃薯

河南种植多子芋多采用此法。其茬口安排,2月中下旬种植马铃薯,4月中下旬套种芋头,5月下旬到6月上旬收获马铃薯,10下旬后收获芋头。种薯处理后采用单垄双行种植,每亩5 000~6 000株,垄距80~90厘米,行距15~

20厘米,株距25~30厘米,播深10~12厘米。人工种植时平地开沟,沟深5厘米,将处理好的薯块放入沟内,覆土起垄,垄高25~30厘米,垄上肩宽50厘米,随后每亩喷50~60毫升33%二甲戊灵除草剂,再覆盖地膜。4月中下旬将催过芽的种芋套种在马铃薯沟内,芽向上,播深6~8厘米(培土2~3次,培土20厘米左右),株距13~15厘米,每亩套种4 000~5 500株。

(3)芋间作甘薯

福建种植槟榔芋采用此法。根据当地气候特点,可于11~12月进行寄种育芋苗,至翌年2~3月移栽定植,如采用直播,则最佳时期为1~2月,不能迟于3月下旬,生长期过短会降低产量和品质。采用单行种植,株行距1.2米×0.5米,每亩种植1 100株,芋种竖放,芽头向上,芋种贴近穴底,表土填实,最后用草木灰或火烧土、肥沃松土盖种。晚薯6月下旬至7月上旬套种于两丛芋株之间,单行种植,每亩2 200条种藤。10月下旬采收芋头,12月上旬采收甘薯。

(4) 芋间作生姜

广东、广西等地种植槟榔芋常采用此法。将田地深翻25~30厘米,按宽畦双行整厢,厢面宽120厘米,厢高30厘米,槟榔芋盖膜种植在1月上旬,露地种植在3月上旬。采用宽厢双行密植,每厢种两行,行距60厘米,穴距27~30厘米,每亩种1 450~1 600株,两行穴距呈品字形。当日平均气温稳定在16 ℃时可套种姜,种植在芋头行的中间行和厢两旁,株距20厘米。8月收子姜,10月收芋头,12月初收老姜。

3. 芋间作瓜果豆类蔬菜

(1) 芋间作西瓜

3月中旬整地施肥,并按80厘米行距起垄,盖地膜,每垄种双行,呈梅花形排列,株距35厘米,每亩种4 500~5 000株。再隔3垄留出130厘米宽的西瓜间作带,在带中栽两行西瓜(提前40天育苗),小行距33厘米,株距60厘米,每亩栽600株。为了保证西瓜早熟高产,减少对芋的影响,选早熟西瓜品种,4月中下旬移栽,6月下旬成熟,7月底8月初收获后,每条间作带再套种两行大白菜。

(2) 芋间作甜瓜

以140厘米为一个种植组合,芋头采取宽窄行种植,大行90厘米,小行50厘米,3月下旬种在小行内,株距35厘米,每亩2 700株左右。甜瓜于3月中旬采取营养钵双膜小拱棚育苗,4月底移栽在芋头大行中间,株距200厘米,每亩栽240株左右,8月初采收完毕。

(3) 芋间作四季豆

芋头于3月下旬移栽或直播前,开沟作畦,畦面宽280厘米,沟宽20厘米,每畦等行距种植4行芋头,株距35厘米,每亩2 800株左右。四季豆于3月中旬营养钵或营养块双膜小拱棚育苗,4月中旬在芋头行间移栽,株距30厘米,与芋头呈三角形种植。5月下旬即可采收四季豆上市,6月初采收完毕。结合采收四季豆对芋头培土,四季豆茎秆可直接壅在芋头根旁。

(4) 芋间作毛豆

浙江种植早熟多子芋常采用此法。3月上旬芋头一畦双行,按大行距70厘米、小行距50厘米、株距27~35厘米播种,每亩种植3 200~4 000株。毛豆在畦中间,芋头小行距内播1行,株距25厘米,播后耙细整平,用90~100厘米宽超薄地膜覆盖畦面,做到膜面要平,两侧压实。芋头与毛豆幼苗出土后立即破膜引苗,6月上旬可摘毛豆青荚上市,结合采收毛豆揭膜开沟培土,8月开始采收芋头上市。

4. 芋间作其他类作物

(1) 芋间作甘蔗

广西、湖南等地多采用此法。南北向旋耕起垄,垄宽(包沟)1.5米,2月下旬至3月上旬下种,先在沟中间放1行甘蔗种,每亩下种有效健壮芽3 200个。再在甘蔗两边25厘米分别放1行芋头种,株距30厘米,与甘蔗芽呈梅花形分布。为方便农事操作,靠近东边的一行芋头没下种时，每三株间隔50厘米，每亩种植芋头2 800株，下种完毕，将垄面沿中间往沟里耙土盖住种子，使垄变成沟，沟变成垄，然后盖膜并压实，3月底至4月初出苗后及时破膜引苗，6月下旬温度升高时揭去地膜，结合除草施肥再培土一次，8月上中旬采收芋头，11月中下旬采收甘蔗。

（2）芋间作春玉米

芋头采取宽窄行种植，即大行75厘米，小行35厘米，3月下旬移栽或直播在小行内，平均行距60厘米，株距40厘米，每亩种植2 800株。玉米选择株型紧凑、中秆、早熟品种，于3月上中旬双膜育苗，4月中旬当玉米进入四叶一心时开始移栽。移栽时玉米株距为25～30厘米，套栽在芋头大行的两侧，与芋头形成三角形分布。玉米可以采青果穗上市，收获期灵活，收获后可直接将秸秆放在芋头垄内进行培土。

（3）芋间作小麦

小麦于11月初播种，畦宽2.4米，播种10

行,芋头于3月25~30日播种育苗,当芋苗长出2片真叶时即可定植大田。一般4月底将芋头苗移栽至大田,每隔两行小麦定植一行芋头,等行距60厘米,株距35厘米,共定植4行,每亩栽3 000株。6月中旬小麦收获后,立即施肥并中耕培土,9月中旬至10月下旬采收芋头上市。

(4) 芋间作竹荪

福建省三明市常采用此法。将地整成畦宽60~70厘米,畦沟宽25厘米备用,2月种植槟榔芋,株距100厘米,行距50厘米,每亩种1 200~1 300株。槟榔芋种植后开始种植竹荪。播种前1~2天将堆积的培养料拌匀,在槟榔芋穴两边与畦平等铺入竹荪培养料,一层料一层菌种,第一层料厚5厘米,下种三分之一;第二层料10~15厘米,下种三分之二,再铺5厘米左右细料压实,料层厚15~20厘米,呈龟背状,每平方米用种1.5~2袋。播种后覆土3厘米左右,土上覆一层稻草或其他农作物秸秆保湿。播种后2~3个月,菌丝走满培养料,并经生理成熟后爬入覆土层，经过10~20天就会出现大量菌蕾，此时槟榔芋的叶片已经长大，为竹荪子实体的生长提供遮阴作用。9月上中旬竹荪基本采收完毕，11月上旬采收槟榔芋。

（二）轮作换茬

芋田忌连作，连作会影响根的生长和分球，且腐烂严重。种植芋头多年，在有限的土地上连年种植芋头，使土壤中病虫增多，土壤理化性状变差，有效营养成分下降，造成芋头品质下降，产量降低等现象比较普遍。经调查得知，一般连作两年芋头产量下降30%，连作三年可减产50%以上。有研究报道，芋田种植实行水旱轮作、间作等模式，不仅芋头病虫害减少，而且产量和品质均有较大提高和改善，单位耕地面积的经济收益显著提高。

1. 芋—水稻模式

浙江、福建等地常采用此模式。选早熟芋品种，1月上旬至中旬播种，每亩1600~1800株，清明前后种芋顶芽破土而出，要及时破膜使其顺利出苗，6月中旬早熟芋开始陆续成熟。6~7月正值市场淡季，价格高，可根据需要收获上市，一般要在7月5日前收获结束。晚稻品种宜选择米质优、生育期相对较短（一般125~130天较合适）的品种，6月5~10日前播种。晚稻在空闲田育秧，早熟芋收获后翻耕，每亩施50千克水稻专用肥作基肥，耙平，秧龄25~30天即可移栽，栽植规格为18厘米×21厘米，丛插2粒谷。水稻收获后还可种植一季甘蓝。

2. 芋—茭白模式

福建等地冷浸田种植水稻效益较差，槟榔芋、茭白都是耐阴喜渍的作物，冷浸田种植既可利用丰富的水资源，变水害为水利，又可促进农民增产增收。2月底到3月中旬种植槟榔芋，采用双行垄栽，株行距50厘米×50厘米，一般翌年1~2月采收，最迟可在翌年3月底到4月初。2月中旬整地耙平，挖健壮茭白薹管根，平铺或撒在田面上，保持水层，4月前移栽，从秧田或留种田连泥将母株丛挖出，顺着分蘖方向劈成若干小墩，每小墩带有蔓管，每亩栽种1600墩左右。移栽时，若茭苗植株过高，可于栽前割去叶尖3~5厘米，留株高30厘米左右，一般株行距50厘米×80厘米，9月上旬开始采收，到9月下旬结束。

3. 蚕豆/毛芋—玉米模式

浙江地区常采用这种模式。秋播蚕豆时开沟作畦，畦宽1.4米左右，沟深30厘米，每畦种2行。适时早播，一般在10月20日至11月初播种蚕豆，每亩2000株，株距40厘米左右，用种5千克。适时摘除主茎顶心，以种皮呈绿色、种脐变黑前、籽粒饱满采收为宜。采收期一般为4月中下旬，应及时采收。1月中旬至2月下旬在蚕豆行间播种毛芋，每畦3行，每亩3000株。播种后覆草木灰或细土，并盖稻草防寒，适时培土，一般培土3次，厚度16~20厘米。毛芋一般8月上中旬成熟，应及时收获。玉米8月10日左右播种育苗，毛芋收获后尽快整地，秧龄控制在7天以内，每畦栽3行，株距35~40厘米，每亩栽植 3 500 株,乳熟末期至蜡熟始期采收,一般在吐丝后 23 天。

4. 春花椰菜—芋头模式

福建高山地区充分利用丰富的地理资源,示范推广"春花椰菜—芋头"一年两茬创新种植模式。具体做法:整地作畦,施足基肥。翻耕后作成畦宽(连沟)1.3 米,畦中间开沟施入基肥,早春花椰菜在元旦前后 10 天育苗,采用双层小拱棚保温育苗,每亩用种 10 克。选择土壤肥沃的向阳地块作苗床,移栽一亩地需苗床 10 米^2,2 月中旬当苗四叶一心时移栽。4 月上旬花芽分化,5 月上旬及时采收,采收期及时填补了沿海一带花椰菜上市空档期,每亩产量可达 1 250~2 000 千克。4 月上中旬芋头催芽播种,每亩用种 100~150 千克,5 月中旬苗高 12 厘米即可定植,保持株行距 55~60 厘米,10 月中下旬始收,陆续上市。

第六讲
芋头病虫害防治

一、害虫及防控技术

芋头主要害虫包括斜纹夜蛾、小地老虎、蛴螬、蝼蛄、金针虫、芋蝗、蚜虫等。

1. 斜纹夜蛾

（1）形态学特征

斜纹夜蛾属鳞翅目夜蛾科。成虫体长14～21毫米。翅展37～42毫米，褐色，前翅许多斑纹，中间一条灰白色宽阔的斜纹；后翅白色，外缘暗褐色。卵半球形，直径约0.5毫米，数十至上百粒集成卵块，外覆黄白色鳞毛。老熟幼虫体长38～51毫米，黑褐或暗褐色。蛹长18～20毫米，红褐至黑褐色，腹末具发达臀棘1对。

(2) 生物学特性

斜纹夜蛾是一类杂食性和暴食性害虫,寄主除芋以外还有莲、甘薯、棉花、田菁、大豆、烟草、甜菜等近300种。春季气候温暖的年份发生期早、数量多,秋冬温暖、冬季霜冻来临前芋叶尚绿时仍有发生。危害严重时期在6月下旬至9月下旬,猖獗时期是7~8月。成虫有强烈的趋光性,对糖、醋、酒混合液有强趋性。

(3) 发生危害特点

斜纹夜蛾以幼虫危害芋叶。初孵幼虫群集在卵块附近取食,2龄后开始分散,但分散距离不大,4龄后进入暴食期,呈放射状向临近叶片分散危害,可由一张叶片扩至几张甚至几十张叶片。初龄幼虫危害芋叶表皮,大龄幼虫咬食叶片成缺刻或穿孔,猖獗时叶片被吃光而仅残存叶脉。初孵幼虫日夜取食,大龄幼虫多在傍晚后取食,有时白天也会危害。

(4) 综合防治技术

① 农业防治:清除杂草,收获后翻耕晒土

或灌水,破坏或恶化其化蛹场所;结合田间管理随手摘除卵块和群集危害的初孵幼虫,减少虫源。

② 物理防治:利用成虫趋光性,于盛发期使用黑光灯诱杀;利用成虫趋化性配糖醋液(糖:醋:酒:水=3:4:1:2),加少量敌百虫诱蛾,或用柳枝蘸洒90%晶体敌百虫500倍液诱杀蛾子。

③ 药剂防治:在1~3龄幼虫尚未分散之前喷施药剂,每亩可施用200亿PIB/克的斜纹夜蛾核型多角体病毒水分散粒剂4克或80%敌百虫可溶粉剂90~100克、5%氯虫苯甲酰胺悬浮剂1 500倍液。

2. 小地老虎

(1) 形态学特征

小地老虎又名土蚕、地蚕,属鳞翅目夜蛾科。成虫体长16~23毫米,翅展42~54毫米,深褐色,前翅由内横线、外横线分为3段,具有明显的肾状斑、环形纹、棒状纹和2个黑色剑状纹；后翅灰色无斑纹。卵长 0.5 毫米，半球形，表面具纵横隆纹，初产乳白色，后出现红色斑纹，孵化前灰黑色。幼虫体长 37～47 毫米，灰黑色，体表布满大小不等的颗粒，臀板黄褐色，具 2 条深褐色纵带。蛹长 18～23 毫米，赤褐色，有光泽，第 5～7 腹节背面的刻点比侧面的刻点大，臀棘为短刺 1 对。

（2）生物学特性

成虫夜间活动，对黑光灯及糖、醋、酒等趋性较强。幼虫共 6 龄，3 龄前在地面、杂草或寄主幼嫩部位取食，危害不大；3 龄后昼间潜伏在表土中，夜间出来危害，动作敏捷，性残暴，能自相残杀。老熟幼虫有假死习性，受惊缩成环形。小地老虎喜温暖潮湿的条件，如河流湖泊地区或低洼内涝、雨水充足及常年灌溉地区。土质疏松、团粒结构好、保水性强的壤土、黏壤土、沙壤土均适于小地老虎的发生。

（3）发生危害特点

幼虫将幼苗近地面的茎部咬断，使整株死

亡，造成缺苗断垄，严重时甚至毁种。

(4) 综合防治技术

① 农业防治：加强栽培管理，合理施肥灌水，增强植株抵抗力。合理密植，雨季注意排水措施，保持适当的温湿度，及时清园，适时中耕除草，秋末冬初深翻土壤，减少虫源。

② 物理防治：使用糖、醋、酒诱杀液或甘薯、胡萝卜等发酵液诱杀成虫；使用泡桐叶或莴苣叶诱捕幼虫，每日清晨到田间捕捉；对高龄幼虫也可在清晨到田间检查，如果发现有断苗，拨开附近的土块，进行捕杀。

③ 化学防治：每公顷可选用90%晶体敌百虫750克，对水750升喷雾，或喷施5%氯虫苯甲酰胺悬浮剂1 300倍液、50%杀螟松乳油600～800倍液，喷药适期在3龄幼虫盛发前。

3. 蛴螬

(1) 形态学特征

蛴螬是各种金龟甲幼虫的统称，别名白土

蚕，成虫通称为金龟甲或金龟子。体肥大，体型弯曲呈C形，多为白色，少数为黄白色。头部褐色，上颚显著，腹部肿胀。体壁较柔软多皱，体表疏生细毛。头大而圆，多为黄褐色，生有左右对称的刚毛。

（2）生物学特性

蛴螬1~2年发生一代，幼虫和成虫在土中越冬，成虫（即金龟子）白天藏在土中，晚上8~9时进行取食等活动。有假死和负趋光性，对未腐熟粪肥有趋性。蛴螬始终在地下活动，与土壤温湿度关系密切。当10厘米土温达5℃时开始上升至土表，13~18℃时活动最盛，23℃以上则往深土中移动。至秋季土温下降到适宜范围时，再移向土壤上层。土壤潮湿活动加强，尤其是连续阴雨天气。春、秋季在表土层活动，夏季多在清晨和夜间到表土层。

（3）发生危害特点

蛴螬咬食幼苗嫩茎，薯芋类块根被钻成孔眼，当植株枯黄而死后又转移到别的植株继续危害。此外，蛴螬造成的伤口还可诱发病害。植食性蛴螬食性广泛，危害多种农作物、经济作物和花卉苗木，喜食刚播种的种子、根、块茎以及幼苗，是世界性的地下害虫，危害很大。

（4）综合防治技术

① 农业防治：实行水旱轮作；精耕细作，及时镇压土壤，清除田间杂草；大面积春、秋耕，并跟犁拾虫。发生严重的地区，秋冬翻地可把越冬幼虫翻到地表，使其风干、冻死或被天敌捕食、机械杀伤，防效明显。不使用未腐熟有机肥料，以防止招引成虫产卵。

② 物理方法：有条件的地区，可设置黑光灯诱杀成虫，减少蛴螬的发生数量。

③ 生物防治：利用茶色食虫虻、金龟子黑土蜂、白僵菌等天敌。

④ 化学防治：在蛴螬成虫盛发期喷施90%晶体敌百虫1 000倍液或用50%马拉硫磷可湿性粉剂800～1 000倍液、20%氯虫苯甲酰胺悬浮剂1 000倍液，浇灌土壤。

4. 蝼蛄

(1) 形态学特征

蝼蛄,俗名耕狗、拉拉蛄、扒扒狗。种类很多,我国发生的主要为华北蝼蛄和东方蝼蛄。华北蝼蛄成虫身体比较肥大,雌虫体长45~66毫米,头宽9毫米,雄虫体长39~45毫米,头宽5.5毫米;体黄褐色,全身密布黄褐色细毛;前胸背板中央有1凹陷不明显的暗红色心脏形斑;前翅黄褐色,长14~16毫米,覆盖不及腹部一半,后翅长30~33毫米,纵卷成筒形附于前翅之下;腹部圆筒形,背面黑褐色,有7条褐色横线;足黄褐色,前足发达,中后足细小,后足胫节背侧内缘有距1~2个或消失。东方蝼蛄体长30~35毫米,灰褐色,全身密布细毛;头圆锥形,触角丝状;前胸背板卵圆形,中间具1暗红色长心脏形凹陷斑;前翅灰褐色,较短,仅达腹部中部,后翅扇形,较长,超过腹部末端;腹末具1对尾须;前足为开掘足,后足胫节背面内侧有4个距。

(2) 生物学特性

华北蝼蛄三年发生一代,多与东方蝼蛄混杂发生。华北地区成虫6月上中旬开始产卵,当年秋季以8~9龄若虫越冬;第二年4月上中旬越冬若虫开始活动,当年可蜕皮3~4次,以12~13龄若虫越冬;第三年春季越冬高龄若虫开始活动,8~9月蜕最后一次皮后以成虫越冬;第四年春天越冬成虫开始活动,于6月上中旬产卵,至此完成一个世代。成虫具一定趋光性,白天多潜伏于土壤深处,夜间到地面危害,喜食幼嫩部位,危害盛期多发生在播种期和幼苗期。东方蝼蛄南方一年一代,北方两年一代,以成虫或若虫在冻土层以下越冬。第二年春上升到地面危害,4~5月是春季危害盛期,在保护地内2~3月即可活动危害。9~10月危害秋菜。初孵若虫群集,逐渐分散,有趋光性、趋化性、趋粪性,喜湿性。

(3) 发生危害特点

蝼蛄为多食性害虫,喜食各种蔬菜、禾谷类

作物、薯类、麻类及烟草等作物。特别是在温室、温床、大棚和苗圃里，由于温度高，活动早，小苗又集中，受害严重。蝼蛄成虫、若虫都在土中咬食刚播下的种子和幼芽，或把幼苗的根茎部咬断，被咬处呈乱麻状，造成幼苗凋枯死亡。由于蝼蛄活动力强，将表土层窜成许多隧道，使幼苗根部和土壤分离，失水干枯而死，造成缺苗断垄。

（4）综合防治技术

① 农业防治：深翻土壤、精耕细作，造成不利蝼蛄生存的环境，减轻危害；夏收后及时翻地，破坏蝼蛄的产卵场所；施用腐熟有机肥料，不施用未腐熟的肥料；在蝼蛄危害期追施碳酸氢铵等化肥，散出的氨气对蝼蛄有一定驱避作用；秋收后大水灌地，向深层迁移的蝼蛄被迫向上迁移，在结冻前深翻，把翻上地表的害虫冻死；实行合理轮作，改良盐碱地，有条件的地区实行水旱轮作，可消灭大量蝼蛄，减轻危害。

② 灯光诱杀：蝼蛄发生危害期，在田边或村庄利用黑光灯、白炽灯诱杀成虫，以减少田间虫口密度。

③ 化学防治：

毒饵诱杀：常用的是敌百虫毒饵。先将麦麸、豆饼、秕谷、棉籽饼或玉米碎粒等炒香，按饵料重量0.5%~1%的比例加入90%晶体敌百虫制成毒饵，先将90%晶体敌百虫用少量温水溶解，倒入饵料中拌匀，再根据饵料干湿程度加适量水，拌至用手攥稍出水即成。每亩施毒饵1.5~2.5千克，于傍晚时撒在已出苗的菜地或苗床表土上，或随播种、移栽定植时撒于播种沟或定植穴内。制成的毒饵限当日撒施。

土壤处理：每亩用90%的敌百虫200克，加水750千克，灌溉土壤。

5. 金针虫

(1) 形态学特征

金针虫为叩头虫的幼虫。成虫长约18毫米，浓栗色，有光泽，密被金黄色短毛。头部扁平，头顶有三角凹洼,具复眼 1 对。触角雄虫 11 节,锯齿状;雌虫 12 节,线形,长可达鞘翅末端。前胸后方有角状突起,与中胸嵌合。翅 2 对,鞘翅上有纵沟,至末端渐狭。足 3 对,黄褐色,跗节 5 节;前、中两肢基节球状,后肢的基节呈扁平板状。腹部 5 节,各节能活动自如。幼虫圆筒形,体表坚硬,蜡黄色或褐色,末端有两对附肢,体长 13～20 毫米。根据种类不同,幼虫期 1～3 年,蛹在土室内,蛹期大约 3 周。幼虫多栖于地下,啮食作物的种子、根及茎等。常见的有细胸叩头虫及褐纹叩头虫等。

(2) 生物学特性

金针虫的生活史很长,因不同种类而不同,常需 3～5 年才能完成一代。各代以幼虫或成虫在地下越冬,越冬深度 20～85 厘米。成虫白天躲在麦田或田边杂草中和土块下,夜晚活动,雌性成虫不能飞翔,行动迟缓,有假死性,没有趋光性,雄虫飞翔较强;卵产于土中 3～7 厘米深处,孵化后,幼虫直接危害作物。

(3) 发生危害特点

以幼虫长期生活于土壤中,主要危害禾谷类、薯类、豆类、甜菜、棉花及各种蔬菜和林木幼苗等。幼虫能咬食刚播下的种子,食害胚乳,使其不能发芽,如已出苗可危害须根、主根和茎的地下部分,使幼苗枯死。主根受害部不整齐,还能蛀入块茎和块根。

(4) 综合防治技术

① 农业防治:精细整地,适时播种,合理轮作,消灭杂草,适时早浇,种植前要深耕多耙,收获后及时深翻;夏季翻耕暴晒,及时中耕除草,创造不利于金针虫活动的环境,减轻作物受害程度;与水稻轮作,或在金针虫活动盛期灌水,可抑制危害。

② 化学防治:

堆草诱杀:在田间堆放 8~10 厘米厚新鲜略萎蔫小草堆,每公顷 750 堆,在草堆下撒布 5% 敌百虫粉剂诱杀细胸金针虫。

药剂拌种:用 60% 吡虫啉悬浮种衣剂拌种,

比例为药剂∶水∶种子＝1∶200∶10 000。

6. 芋蝗

(1) 形态学特征

芋蝗属直翅目，蝗总科。分布在江苏、浙江、江西、福建、广东、广西、台湾、四川、云南等省、自治区。雌成虫体长19～22毫米，雄成虫17～18毫米，体黄绿色。复眼后方、前胸背板侧片上端具黑褐色纵条纹，向后延伸至中、后胸背板两侧。前翅黄绿色，后翅基部淡蓝色。后足腿节黄绿色，下膝侧片红色，胫节淡青蓝色，基部红色。头短于前胸背板。额面向后倾斜和头顶成锐角；额面隆起具明显纵沟。头顶略向前突出，复眼间头顶的宽度窄于或等于触角间颜面隆起的宽度。复眼卵形。触角丝状，到达或超过前胸背板的后缘。前胸背板前端较窄，后端较宽，中隆线弱，被3条横沟隔断，后横沟位于中部之后；前缘近于平直，后缘为圆弧形。前、后翅发达，超过后足腿节顶端。后足胫节内侧具8～9根刺，顶端第一与第二刺间的距离较各刺的距离长。

(2) 生物学特性

主要危害水稻、芋类、莲藕、野生水仙、甘蔗、玉米等植物。一年发生一代，在广东可发生三代。以成虫在枯枝落叶下越冬。翌年3月下旬至4月上旬开始活动，5、6月产卵，产卵于叶柄中下部，蛀孔分泌出黄褐色胶液，每雌产卵8~10块，每块有卵6~18粒，卵期20~32天，若虫6龄，历期30多天，到10月至11月陆续进入越冬期。成虫白天活动，中午天气炎热时多在叶面上飞跳，很少取食。在田间，每年以7~9月上旬发生数量较多。

(3) 发生危害特点

以成、若虫啃食叶片成缺刻或食叶肉留下表皮，被害叶呈紫色小横斑，影响光合作用，阻碍植株生长。

(4) 综合防治技术

① 人工防除：芋蝗产卵盛期在产卵孔处刮杀未孵化的虫卵，当卵孔已光滑，流出锈褐色汁

液时，卵已孵化或近孵化，只要刮杀的时间掌握准确，可减轻危害。

② 化学防治：抓住 3 龄前芋蝗群集在田埂、地边、渠旁取食杂草嫩叶的特点，突击防治，当百株有虫 10 头以上时，应及时喷洒选用 90% 敌百虫晶体 700 倍液或 50% 马拉硫磷乳油 1 000 倍液，均可取得较好防治效果。

二、主要病害及防治技术

芋生产过程中主要病害包括芋疫病、芋软腐病、芋乌斑病、芋病毒病。

1. 芋疫病

芋疫病是芋发生的常见病害之一，发病常引起大量叶片干枯，以至植株枯死，造成产量和品质下降。

（1）症状和病原

主要危害叶片和球茎。叶片上初生病斑为黄褐色斑点，后扩大融合成圆形或不规则形的大斑,病斑有明显同心轮纹,湿度大时可见一层白色霉状物。在坏死组织分泌黄色至淡褐色液滴,后期病斑多从中央腐败成裂孔,严重受害的叶片仅残留叶脉呈破伞状,地下球茎受害可致部分组织变褐腐烂。

病原为芋疫霉菌(*Phytophthora colocasiae* Racib.),称芋疫霉,属卵菌门真菌。病原菌孢囊梗细,直径2~3微米,一至数枝自叶片气孔伸出,短而直,不分枝,顶端着生孢子囊。孢子囊梨形至长椭圆形,单胞,无色,壁薄,顶端具半乳突,下端具一短柄。游动孢子肾形,单胞,无色,无胞膜,中部一侧具2根鞭毛,在水中游动。

(2) 发病规律

病菌主要以菌丝体在种芋的球茎内或病残体上越冬,也能产生厚垣孢子随病残体在土壤中越冬。初侵染主要来源是带菌的种芋,种植带菌种芋长成后即成为中心病株,在环境条件适宜时,可引起植株发病,并产生大量孢子囊,借助气流、水流或风雨溅洒传播,进行再侵染。病菌喜温暖、高湿的环境,一般低洼滞水、偏施氮肥、过度密植或长势过旺,都会引起病害严重发生。

(3) 防治方法

芋疫病防治应在选用抗病品种的基础上加强农业防治措施,并结合药剂防治进行综合防控。

① 选用抗病品种:加强芋种的引进和选育,因地制宜选用抗病品种,选留无病种芋,减少初侵染源。

② 加强田间管理:选择地势高燥、排灌便利的地块种植,生长前期防涝,保持土壤湿润,雨天及时清沟排水,生长盛期球茎形成时,宜早晚沟灌,后期保证充足水分;施足基肥,施用充分腐熟有机肥,增施磷钾肥,后期避免偏施氮肥造成徒长,降低植株抵抗力;合理密植,增加田间通风透光性;进行2~3年轮作,并实行水旱轮作。

③ 药剂防治:芋疫病防治以预防为主,应在发病前喷药预防。发病初期可选用10%氰霜

唑悬浮剂1 000倍液或68.75%氟菌·霜霉威悬浮剂500倍液、50%甲酸铜可湿性粉剂700倍液、90%三乙膦酸铝可湿性粉剂400倍液、72.2%霜霉威盐酸盐水剂600～800倍液、70%乙膦·锰锌可湿性粉剂500倍液等,喷雾防治,7～10天一次,连喷3～4次。喷药时注意茎、叶等各部位喷洒均匀,高温雨天后要及时补喷。

2. 芋软腐病

芋软腐病也称芋腐败病、芋腐烂病,是芋常发生的一种毁灭性病害。近几年该病呈逐年加重发生态势,造成严重损失,已成为制约水芋生产的一大障碍因素,

(1) 症状和病原

主要危害叶柄基部或地下球茎。叶柄基部染病,初生水渍状、暗绿色、无明显边缘的病斑,扩展后叶柄内部组织变褐腐烂或叶片变黄而折倒;球茎染病逐渐腐烂。该病剧发时病部迅速软化、腐败,终至全株枯萎以至倒伏,病部散发出

恶臭味。

病原为胡萝卜软腐欧文氏菌胡萝卜软腐致病型 [*Erwinia carotovora* subsp. *carotovora* (Jones) Bergey et al.]。细菌菌体短杆状，周生鞭毛2～8根，无荚膜，不产生芽孢，革兰氏阴性。

（2）发病规律

病菌在种芋内及其植株残体内或其他寄主植物病残体内越冬，寄主作物有芋、马铃薯、瓜类、茄果类及芹菜、大白菜、甘蓝、萝卜等多种蔬菜作物。病菌借助雨水、灌溉水及小昆虫活动与农事操作等传播，从伤口侵入致病，在田间辗转危害。在贮藏期间，病芋可继续发病并向健芋蔓延。

（3）防治方法

① 选用抗病品种：从无病芋田选择健株作种芋，播前剔除病芋，杜绝病源。

② 加强栽培管理：选择地势高燥、排灌便利的地块种植；及时中耕培土，施足充分腐熟的

粪肥，施肥时不宜太靠近根部；均匀灌水，防止土壤忽干忽湿，雨后应及时排水，严防田间积水；芋需要多次采摘叶柄，易造成植株损伤，田间农事作业时尽量不伤及叶柄基部和球茎，栽培上可采用高厢起垄，每次采收前降低田间水位至厢面以下，采收叶柄2~3天待伤口完全愈合后，再灌水适量，减少细菌从采摘伤口侵入；进行2~3年轮作，并实行水旱轮作。

③ 药剂防治：下种前，可用77%氢氧化铜可湿性剂800倍液或30%氧氯化铜悬浮剂600倍液浸种4小时，滤干后拌草木灰下种；芋出苗后、地下球茎膨大前，可喷布30%氧氯化铜悬浮剂600倍液或77%氢氧化铜可湿性粉剂1 000倍液、72%农用硫酸链霉素可溶性粉剂3 000倍液等。

3. 芋污斑病

芋污斑病是芋一种普发性病害，病害流行地区或发病严重田块一般减产20%~30%，严重时减产可达50%。

(1) 症状和病原

仅危害叶片,常从下部老熟叶片始发,逐渐向上发展。叶片染病初期,出现大小不等的绿褐色圆形至不定形病斑,后呈淡黄色,病斑扩大后变成浅褐色至暗褐色,边缘多不明显,似污渍状,叶背病斑近圆形,颜色较浅,呈淡黄褐色,湿度高时病斑表面产生隐约可见的暗褐色霉层(即病菌分生孢子梗和分生孢子)。病害严重时,叶片上病斑密布,短期内病叶即可变黄变枯。

病原为芋叶斑芽枝霉(*Cladosporium colocasiae* Saw.),为弱寄生菌。分生孢子梗单生或2~3枝丛生,淡褐色至暗褐色,丝状,略弯曲,基部稍粗,有3~6个隔膜,在顶部或中部分枝。分生孢子卵形、椭圆形或纺锤形,无色至极淡黄褐色,双胞。

(2) 发病规律

病菌以菌丝体和分生孢子在病残体上越冬,可在病组织上或土壤中营腐生生活。翌年在环境条件适宜时,病菌以分生孢子进行初侵染,借助于气流或雨水溅射传播蔓延,而后病部不断产生新的分生孢子进行再侵染,加重危害。高温多湿的天气或田间郁闭高温,或偏施氮肥芋株旺而不壮,或肥分不足致芋株衰弱,都易诱发该病。

(3) 防治方法

芋污斑病防控主要以农业防治和药剂防治结合进行。

① 农业防治:选择地势高燥、排灌便利的地块种植;合理密植,每亩以4 000株为宜;合理施用氮磷钾肥,避免偏施、过施氮肥,芋株旺而不壮,或肥分不足芋株衰弱;注重田间卫生,及时收集病残物深埋或烧毁,减少菌源,收获后及时清除田间病残体并集中带出田外销毁。轮作,尤其是水旱轮作。

② 药剂防治:发病初期,可选用50%多菌灵可湿性粉剂500倍液或75%百菌清可湿性粉剂500倍液、70%甲基硫菌灵可湿性粉剂1 000

倍液、80%代森锰锌可湿性粉剂600倍液、50%腐霉利可湿性粉剂1 000倍液、50%异菌脲可湿性粉剂1 500倍液、68%甲霜灵锰锌可分散粒剂80倍液、47%春雷氧氯铜可湿性粉剂800倍液、40%多硫悬浮剂50倍液、30%氧氯化铜悬浮剂700倍液等喷雾,每隔7~10天一次,连用3次。喷洒时雾滴要细,并加入0.2%洗衣粉或400倍27%高脂膜乳剂以增加展着力。

4. 芋病毒病

芋病毒病是芋的重要病害,分布广泛。芋在生产上主要通过球茎进行繁殖,在长期无性繁殖过程中植株病毒含量不断积累,种类增加,导致病毒病危害逐年加重,造成产量和品质下降,出现严重的品种退化。

(1) 症状和病原

主要危害叶片,病叶沿叶脉出现褪绿黄点,扩展后呈黄绿相间的花叶,严重时植株矮化。新叶除以上症状外,还常出现羽毛状黄绿色斑纹或叶片扭曲畸形。严重株有时维管束呈淡褐色,分蘖少,球茎退化变小。

目前,国内外报道的芋病毒近10种,分别为芋花叶病毒(Dasheen mosaic virus,DsMV)、芋羽状斑驳病毒(Taro feathery mottle virus,TFMoV)、香蕉束顶病毒(Banana bunchy top virus,BBTV)、大杆(菌)状病毒(Taro Large bacilliform virus,TLBV)、小杆(菌)状病毒(Taro Small bacilliform virus,TSBV)、芋叶脉缺绿病毒(Taro vein chlorosis virus,TaVCV)、芋杆状病毒(Taro bacilliform virus,TaBV)、黄瓜花叶病毒(Cucumber mosaic virus,CMV)、芋瘦小病毒(Colocasia bobone disease virus,CBDV)等,其中芋花叶病毒为主要病毒,其病毒粒子呈弯曲线状,无包膜,长750纳米,直径12纳米,呈螺旋对称结构。

(2) 发病规律

病毒可在芋球茎内或野生寄主及其他栽培植物体内越冬,第二年春天播种带毒球茎,出芽后即出现病症,6～7叶前叶部症状明显,进入高

第六讲 / 芋头病虫害防治

温期后症状隐蔽消失。主要由蚜虫传播,长江以南5月中下旬至6月上中旬为发病高峰期。用带毒球茎作母种,病毒随之繁殖蔓延,造成种性退化。

(3) 防治方法

芋病毒病防治以预防为主,结合芋病毒传播途径,可从培育无病毒种苗、培育抗病毒品种和减少病毒田间传播等三个方面制定防治对策。

① 培育无病毒种苗:可以采用茎尖离体培养结合高温脱毒生产芋脱毒种苗,脱毒种苗经组织培养快繁可获得大量种苗,在隔离条件下继续繁殖成一级、二级种球,再经田间种植可显著提高芋产量和品质。

② 培育抗病毒品种:筛选作物种质资源中的抗病毒基因和源于病原的抗性基因,是获得抗性基因的两种主要途径。一方面可以从自然界中筛选高抗病毒基因,另一方面可利用源于病原的抗性基因,如外壳蛋白介导的抗性、移动蛋白介导的抗性、复制酶介导的抗性、卫星RNA介导

的病毒抗性、反义RNA与缺陷RNA介导抗性及利用RNA沉默获得病毒抗性。

③减少病毒田间传播：芋病毒田间传播介体以蚜虫和粉蚧为主，积极防治田间蚜虫和粉蚧的发生可有效阻断芋病毒田间传播，达到良好的防治效果。此外，及时清理田间感染病毒的种球和植株，使用防虫网进行隔离栽培，都是阻止芋病毒田间传播的有效手段。

第七讲
芋头保鲜技术

一、芋头贮运保鲜

芋头的淀粉含量仅次于粉葛。芋头有一种特殊的香味,蒸芋头和炸芋片是人们美食中的传统菜肴,用芋头加工成的芋泥也是人们喜爱的甜食风味菜。芋头淀粉含量高,比较耐贮运,但由于生长于潮湿的环境,在高温下容易感染干腐病与黑腐病,对低温也比较敏感,在5℃以下的低温会造成冷害,失去商品价值。安全的贮藏温度是7~10℃。

芋头成熟时部分叶片变黄,应及时停止供水。收获时先挖出一边的泥土,然后抓紧茎叶向内拉,这样收获的芋头机械损伤少。去除茎叶以后把母芋与子芋分开,放在通风的地方晾干,再放在阴凉地方贮藏。也可以不把母子分开,等泥土晾干后一起贮藏。芋头的贮藏也比较简单,可以在阴凉的地方堆放,也可以用箩筐盛装再堆叠起来。贮藏时湿度不能太高,85%比较适当。如果管理得当可贮藏半年时间。管理工作中的突出问题是通风,通风能够大大减少病害的发生。外销芋头,如果客户要求不带泥包装,由于在清洗过程中最容易造成大大小小的伤口,所以洗净之后应该进行消毒。简便的办法是把洗净的芋头放入消毒液中浸一浸,捞起晾干或吹干,然后逐个用纸包好,再平放入纸箱,彼此靠紧。切不可与其他耐低温的果菜同仓共同贮运。

二、去皮芋头保鲜

1. 原料选择

选取新鲜、色泽正常、无破损、无腐烂变质的芋头为加工原料。

第七讲 / 芋头保鲜技术

2. 去皮

将选取出来的芋头置于擦皮机上去皮,并冲水。因为芋头去皮后暴露于空气中极易褐变,冲水可适当隔绝空气。也可手工去皮,也需要冲水。

3. 浸硫

将去皮芋头及时投入到 0.2% 维生素 C、0.2% 柠檬酸、0.005%～0.01% 亚硫酸钠配制而成的浸泡液中浸泡 5～10 分钟,要保证浸泡液全部没过芋头,以达到护色、漂白、防腐的目的。浸泡时间不宜过长,如果浸泡时间过长,漂白后虽然有较好的白净效果,但硫味很重,不能食用。

4. 热烫

将浸泡液中的芋头捞出,立即投入沸水中漂烫 30～40 秒。热烫是为了钝化酶的活性,防止非酶褐变产生,同时达到杀菌的目的。

5. 漂洗

热烫后的芋头应迅速投入含有柠檬酸的冷水

中漂洗、冷却。

6. 清洗

将漂洗后的芋头投入清水中,充分搅拌,洗净表面残留药物,清洗时间应稍长些。

7. 晾干

自然风干或机械吹干均可,以芋头表面不再有光亮的水珠为度。

8. 整理分级

将吹干后的芋头稍加整理后,按形状、大小分级。

9. 包装销售

将分级后的芋头用塑料袋或其他包装材料封装,饱满度达到90%为宜,便可进入市场销售。

10. 质量标准

成品多呈白色,部分有青绿的天然颜色。食之鲜美无异味,有柔软、滑腻、无粗纤维之感。其他方面要求符合国家相关标准。

优质芋头高产高效栽培

<<< 多头芋

狗蹄芋

宜宾莲花芋

魁 芋 >>>

荔浦芋

资阳水芋

长沙雨花水芋
(魁子兼用芋)

<<< 多子芋

武芋1号

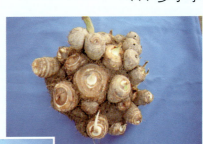

武芋2号

武芋3号

普洱红禾花芋（花用芋）

田间管理 >>>

广西荔浦芋栽培(邓廷禧 提供)

海南槟榔芋栽培

福建福鼎芋栽培

广东乐昌"炮弹芋"(槟榔芋)

江西铅山红芽多子芋栽培

湖北武汉多子芋水栽

山东莱阳多子芋栽培

湖北蕲春香芋栽培(槟榔芋北移)

芋芽栽培

芋头直播

芋头育苗

田间管理 >>>

芋头育苗移栽

脱毒芋育苗

脱毒芋定植

芋头机械培土

芋头追肥培土

芋头灌溉

花用芋采收

芋头采收

病害防治 >>>

乌斑病

病毒病

芋疫病

软腐病